# 수학
## 용어사전

초등수학 다지고, 중학수학 미리 보는

# 수학
## 용어사전

재능교육 연구소 엮음

**JEI 재능교육**

# 머리말

## 수학은 기초부터 개념과 원리 이해가 확실해야

초등 학교부터 고등 학교 교육과정을 마칠 때까지 가장 중요한 과목을 들라 하면 대부분 수학을 말합니다. 그런데 이렇게 높은 비중을 두고 가르치고 배우는 수학 교육의 본래 목적을 제대로 아는 사람은 그다지 많지 않습니다.

본래 수학 교육의 목적은 무엇일까요?
그것은 "수학의 기본적인 지식과 기능을 습득하고 수학적으로 사고하는 능력을 길러 실생활의 여러 가지 문제를 합리적으로 해결할 수 있는 능력과 태도를 기른다"라 할 수 있습니다.
즉 수학은 학문의 기초 도구 교과로서 매우 중요할 뿐 아니라 우리 생활에서 일어나는 문제들을 합리적으로 해결하는 기본적인 개념과 태도를 이해할 수 있는 가장 중요한 필수 교과입니다. 하지만 수학에 대해 막연한 두려움을 갖고 특히 학년이 올라갈수록 수학을 멀리하는 학생이 많은 것이 현실입니다.

그러나 보다 많은 학생들이 수학 공부에 흥미를 갖고 잘 할 수 있는 방법은 분명히 있습니다. 바로 기초학습과 선수학습을 제대로 거치고, 개념, 원리, 법칙을 분명하게 알아 두는 것입니다. 왜냐하면 특히 수학은 단계를 더해 갈수록 더욱 많은 내용과 복잡한 문제들을 단순화하고 기호화하는 과정이 반드시 필요하기 때문입니다. 즉 무조건 암기를 많이 하거나 단순 계산만 능숙한 것은 아무 의미가 없습니다.

그런데 주변을 보면 이 개념과 원리 이해 부분에 있어 소홀한 경우가 간혹 있습니다. 대표적으로 요즘 학생들은 인터넷 등에서 수학용어나 개념을 간단하게 찾아 학습하곤 하는데, 문제는 그러한 자료 중에는 각기 조금씩 다른 용어와 형태를 제시하는 경우가 있다는 것입니다. 이것은 정확한 개념과 원리가 무엇보다 중요한 수학에서 잘못된 결과를 초래할 수 있습니다.

이러한 모습을 심심치 않게 접하면서 제대로 된 학습 자료, 특히 학습의 기초를 다져야 하는 중요한 시기인 초등 학교에서부터 중학교까지 쓸모 있게 볼 수 있는 자료의 필요성을 절실히 느꼈습니다. 이에 이 시기에 꼭 학습해야 할 수학 학습 요소를 정리 · 분류하여 한눈에 찾아 볼 수 있도록 이 책을 꾸미게 되었습니다. 아무쪼록 이 책이 많은 학생들의 수학 공부에 알차고 든든한 도우미가 되기를 바랍니다.

재능교육 연구소

# 차례

# 일러두기

1. 초등학교와 중학교 교과서에 나온 주요 수학 용어를 포함하여 쉽게 이해할 수 있도록 풍부한 예시와 그림자료를 통해 풀이하였습니다.

2. 수와 연산, 도형, 측정, 규칙성, 자료와 가능성 등 다양한 분야의 개념, 공식, 단위 등 관련 용어들을 모두 모았습니다.

3. 총 382개의 용어를 가나다 순으로 수록하여 찾기 쉽도록 하였습니다.

4. 설명만으로 알기 어려운 용어에는 정의 외에 예시, 부가 설명, 참고를 더하여 이해가 쉽도록 도왔습니다.

   ① 예시(**예**) : 용어의 실제 쓰임을 보였습니다.

   ② 부가 설명(**◑**) : 용어에 관련된 공식이나 부가 개념 등을 담았습니다.

   ③ 참고(**참고**) : 용어 이해를 위해 참고할 내용을 담았습니다.

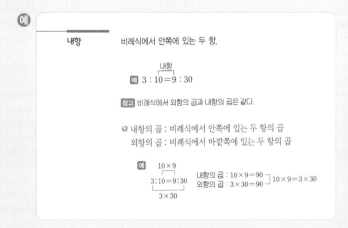

# 수학
## 용어풀이

**가감법**  두 일차방정식을 변끼리 더하거나 빼어서 한 미지수를 소거하여 연립방정식의 해를 구하는 방법.

예 $\begin{cases} x+3y=5 & \cdots\cdots ① \\ 2x-3y=4 & \cdots\cdots ② \end{cases}$

$y$를 소거하기 위하여 ①, ②를 변끼리 더하면

$3x=9,\ x=3$

이것을 ①에 대입하면 $y=\dfrac{2}{3}$

따라서, 구하는 해는 $x=3,\ y=\dfrac{2}{3}$ 이다.

**가분수**  분자가 분모와 같거나 분모보다 큰 분수.

예 $\dfrac{3}{3},\ \dfrac{6}{3},\ \dfrac{8}{5},\ \cdots$

**가정**  '$p$이면 $q$이다.' 가 명제일 때, $p$를 명제의 가정, $q$를 명제의 결론이라 한다.

예 $a=b$이면 $ac=bc$이다. → 가정 : $a=b$이다.

결론 : $ac=bc$이다.

**각**

한 점에서 그은 두 직선으로 이루어진 도형.

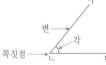

각의 꼭짓점 : 점 ㄴ
각의 변 : 직선 ㄱㄴ, 직선 ㄴㄷ

각을 읽을 때에는 반드시 각의 꼭짓점을 가운데로 하여 세 점을 차례로 읽는다. 위의 각은 각 ㄱㄴㄷ 또는 각 ㄷㄴㄱ과 같이 읽는다.

**각기둥**

위와 아래에 있는 면이 서로 평행이고 합동인 다각형으로 이루어져 있고, 옆에 둘러싸인 면이 모두 직사각형 모양으로 되어 있는 입체도형.
각기둥의 이름은 밑면의 모양에 따라 삼각기둥, 사각기둥, 오각기둥, …이라고 한다.
밑면 : 서로 평행인 두 면
옆면 : 밑면에 수직인 면
모서리 : 면과 면이 만나는 선
꼭짓점 : 모서리와 모서리가 만나
　　　　는 점
높이 : 두 밑면 사이의 거리

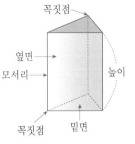

참고 각기둥에서 (꼭짓점의 수) = (한 밑면의 변의 수) × 2
　　　(모서리의 수) = (한 밑면의 변의 수) × 3
　　　(면의 수) = (한 밑면의 변의 수) + 2

**각기둥의 겉넓이**

(각기둥의 겉넓이)＝(밑넓이)×2＋(옆넓이)

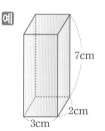

예

밑넓이 : $3 \times 2 = 6 \, (\mathrm{cm}^2)$
옆넓이 : $2 \times (2 \times 7) + 2 \times (3 \times 7)$
$\qquad = 70 \, (\mathrm{cm}^2)$
사각기둥의 겉넓이 : $6 \times 2 + 70$
$\qquad\qquad = 82 \, (\mathrm{cm}^2)$

**각기둥의 부피**

(각기둥의 부피)＝(밑넓이)×(높이)
밑면의 넓이가 $S$이고, 높이가 $h$인 각기둥의 부피 $V$는
$\qquad V = Sh$

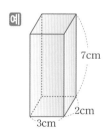

예

사각기둥의 부피 : $(3 \times 2) \times 7 = 42 \, (\mathrm{cm}^3)$

**각기둥의 전개도**

각기둥을 펼쳐서 평면에 그린 그림.

예 사각기둥의 전개도

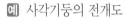
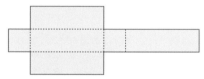

**각도**

각의 크기. 각에서 두 변이 벌어진 정도.
각도를 나타내는 단위는 1직각과 1도가 있다.

○ 각도를 재는 방법

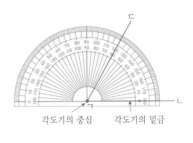

1. 각도기의 중심을 각의 꼭짓점 ㄱ에 맞추고, 옆의 그림과 같이 각도기가 각의 내부를 덮도록 한다.

2. 각도기의 밑금을 변 ㄱㄴ에 맞춘다. 직선의 길이가 짧을 때에는 직선을 길게 늘여 맞추도록 한다.

3. 변 ㄱㄷ이 닿은 눈금을 읽는다.
위의 각 ㄷㄱㄴ의 각도는 60°이다. 즉, 60°는 60도로 읽는다.
각도는 °로 표시하며 숫자 위의 오른쪽에 쓴다.

**각뿔**

밑면이 다각형이고 뿔모양으로 이루어진 입체도형.
각뿔의 이름은 밑면의 모양에 따라 삼각뿔, 사각뿔, 오각뿔, … 이라고 한다.

밑면 : 아래에 있는 면
옆면 : 옆으로 둘러싸인 면
모서리 : 면과 면이 만나는 선
꼭짓점 : 모서리와 모서리가 만나는 점

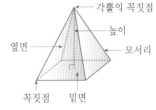

각뿔의 꼭짓점 : 옆면을 이루는 모든 삼각형의 공통인 꼭짓점
높이 : 각뿔의 꼭짓점에서 밑면에 수직인 선분의 길이

참고 각뿔에서 (꼭짓점의 수) = (밑면의 변의 수) + 1
(모서리의 수) = (밑면의 변의 수) × 2
(면의 수) = (밑면의 변의 수) + 1

**각뿔대**

각뿔을 밑면에 평행한 평면으로 잘라서 생기는 두 입체도형 중에서 각뿔이 아닌 쪽의 다면체.

각뿔대는 밑면인 다각형의 모양에 따라 삼각뿔대, 사각뿔대, 오각뿔대, …라고 한다. 각뿔대에서 평행인 두 면을 밑면이라 하고, 밑면이 아닌 면을 옆면이라 하는데 이 옆면은 모두 사다리꼴이다. 또한, 각뿔대에서 평행인 두 밑면 사이의 거리를 그 각뿔대의 높이라고 한다.

예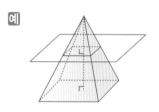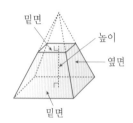

**각뿔의 겉넓이**

(각뿔의 겉넓이)＝(밑넓이)＋(옆넓이)

예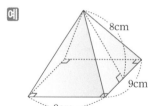

밑넓이 : $9 \times 9 = 81 \, (\mathrm{cm}^2)$

옆넓이 : $\left( \dfrac{1}{2} \times 9 \times 8 \right) \times 4 = 144 \, (\mathrm{cm}^2)$

각뿔의 겉넓이 : $81 + 144 = 225 \, (\mathrm{cm}^2)$

**각뿔의 부피**

$(각뿔의 부피)= \dfrac{1}{3} \times (밑넓이) \times (높이)$

밑면의 넓이가 $S$이고, 높이가 $h$인 각뿔의 부피 $V$는

$$V=\dfrac{1}{3}Sh$$

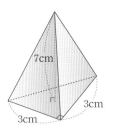

7cm

3cm

3cm

각뿔의 부피 : $\dfrac{1}{3} \times \left( \dfrac{1}{2} \times 3 \times 3 \right) \times 7 = \dfrac{21}{2} \, (\mathrm{cm}^3)$

**참고** 사각뿔의 높이와 부피
한 모서리의 길이가 $a$인 사각뿔에서

높이 : $h=\dfrac{\sqrt{2}}{2}a$

부피 : $V=\dfrac{\sqrt{2}}{6}a^3$

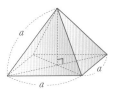

**각뿔의 전개도**

각뿔을 펼쳐서 평면에 그린 그림.

**예** 사각뿔의 전개도

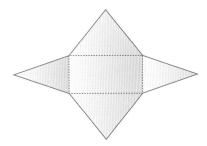

**각의**
**이등분선**

한 각을 이등분하는 반직선.

**예**

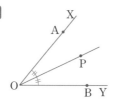

반직선 OP는 $\angle AOP = \angle BOP$인 $\angle AOB$의 이
등분선

---

**거듭제곱**

같은 수를 여러 번 곱한 것.

자연수 $a$에 대하여

$a^2(a \times a)$, $a^3(a \times a \times a)$, $a^4(a \times a \times a \times a)$, …을 통틀어
거듭제곱이라고 하며, $a$를 밑이라 하고, 2, 3, 4, …를 지수라
고 한다.

**예** $2 \times 2 \times 2 = 2^3$ ← 지수
↑
밑

---

**검산**

계산의 맞고 틀림을 검사함.

**예** 나눗셈의 검산

$75 \div 9 = 8 \cdots 3$

검산 : $9 \times 8 + 3 = 75$

**겨냥도**

입체도형의 모양을 잘 알 수 있도록 하기 위해 평행인 모서리
는 평행이 되게 그리고 보이는 모서리는 실선으로, 보이지 않
는 모서리는 점선으로 그린 그림.

예 직육면체의 겨냥도

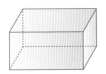

**결론**

'$p$이면 $q$이다.' 가 명제일 때, $p$를 명제의 가정, $q$를 명제의 결
론이라 한다.

예 $a=b$이면 $ac=bc$이다. → 가정 : $a=b$이다.
결론 : $ac=bc$이다.

**결합법칙**

덧셈의 결합법칙 : $(a+b)+c=a+(b+c)$
세 수 이상의 덧셈을 할 때, 어느 두 수를 먼저 더하여도 그
합은 같다.

예 $(5+4)+7=5+(4+7)$

곱셈의 결합법칙 : $(a×b)×c=a×(b×c)$
세 수 이상의 곱셈을 할 때, 어느 두 수를 먼저 곱하여도 그 곱
은 같다.

예 $(9×2)×5=9×(2×5)$

**경우의 수**  어떤 일이 일어날 수 있는 경우의 가짓수.

- 한 가지 일이 일어나는 경우의 수
  **예** 주사위를 던질 때 나오는 눈이 홀수인 경우의 수
  : 3가지(1, 3, 5)

- 동시에 일어나는 일의 경우의 수
  **예** 50원짜리 동전 한 개와 100원짜리 동전 한 개를 동시에 던졌을 때 나오는 면의 경우의 수
  : 4가지((숫자면, 숫자면), (숫자면, 그림면), (그림면, 숫자면), (그림면, 그림면))

- 순서가 있는 경우의 수
  **예** 주현, 영민, 선경 3사람이 외나무 다리를 건너는 순서를 정하는 경우의 수
  : 6가지((주현, 영민, 선경), (주현, 선경, 영민), (영민, 주현, 선경), (영민, 선경, 주현), (선경, 주현, 영민), (선경, 영민, 주현))

경우의 수의 합의 법칙
두 사건 $A$, $B$가 동시에 일어나지 않을 때, 두 사건 $A$, $B$가 일어나는 경우의 수가 각각 $m$, $n$가지이면, 사건 $A$ 또는 사건 $B$가 일어나는 경우의 수는 $m+n$(가지)이다.

**예** 한 개의 주사위를 던질 때, 3 이하 또는 5 이상의 눈이 나올 경우의 수
3 이하의 눈이 나오는 경우의 수 : {1, 2, 3} → 3가지
5 이상의 눈이 나오는 경우의 수 : {5, 6} → 2가지
∴ 3+2=5(가지)

경우의 수의 곱의 법칙

사건 $A$가 일어나는 경우의 수가 $m$가지이고, 그 각각에 대하여 다른 사건 $B$가 일어나는 경우의 수가 $n$가지일 때, 사건 $A$, $B$가 동시에 일어나는 경우의 수는 $m \times n$(가지)이다.

> 예 동전 1개와 주사위 1개를 동시에 던질 때, 일어날 수 있는 모든 경우의 수
> 동전 1개의 경우의 수 : {앞, 뒤} → 2가지
> 주사위 1개의 경우의 수 : {1, 2, 3, 4, 5, 6} → 6가지
> ∴ $2 \times 6 = 12$(가지)

---

**계급**

변량을 일정한 간격으로 나눈 구간.

| 계급 | 도수(명) |
|---|---|
| $130^{이상} \sim 135^{미만}$ | 4 |
| $135 \sim 140$ | 4 |
| $140 \sim 145$ | 5 |
| $145 \sim 150$ | 3 |
| $150 \sim 155$ | 4 |
| 합계 | 20 |

예

---

**계급값**

각 계급을 대표하는 값으로 계급의 중앙의 값.

계급값은 계급의 양 끝값의 합의 $\dfrac{1}{2}$이다.

> 예 130 cm 이상 135 cm 미만의 계급값은
> $$\frac{130+135}{2} = 132.5(\text{cm})$$

| 계급의 크기 | 계급의 양 끝값의 차. |
|---|---|

**계급의 크기**

계급의 양 끝값의 차.

> 예 130 cm 이상 135 cm 미만
> 135 cm 이상 140 cm 미만
> 140 cm 이상 145 cm 미만
> 에서 계급의 크기 : 5(cm)

**계수**

수와 문자의 곱으로 이루어진 항에서 수.

> 예 $\underline{3}x^2 + \underline{2}y$
>
> $x^2$의 계수　$y$의 계수

**곱셈 공식**

◎ 곱셈 공식 (1)

$$(a+b)^2=a^2+2ab+b^2$$
$$(a-b)^2=a^2-2ab+b^2$$

◎ 곱셈 공식 (2)

$$(a+b)(a-b)=a^2-b^2$$

◎ 곱셈 공식 (3)

$$(x+a)(x+b)=x^2+(a+b)x+ab$$

◎ 곱셈 공식 (4)

$$(ax+b)(cx+d)=acx^2+(ad+bc)x+bd$$

◎ 곱셈 공식을 활용한 식의 변형

$$x^2+y^2=(x+y)^2-2xy=(x-y)^2+2xy$$
$$(x-y)^2=(x+y)^2-4xy$$
$$(x+y)^2=(x-y)^2+4xy$$

**곱셈식**   $3 \times 4 = 12$와 같은 식.

**공배수**   어떤 수들의 공통인 배수.

> 예 2의 배수 : 2, 4, 6, 8, 10, 12, 14, 16, 18, …
> 3의 배수 : 3, 6, 9, 12, 15, 18, …
> 2와 3의 공배수 : 6, 12, 18, …

**공약수**   어떤 수들의 공통인 약수.

> 예 12의 약수 : 1, 2, 3, 4, 6, 12
> 18의 약수 : 1, 2, 3, 6, 9, 18
> 12와 18의 공약수 : 1, 2, 3, 6

**공역**   함수 $y = f(x)$에서 변수 $y$가 속해 있는 수 전체의 집합.

**공집합**   원소가 하나도 없는 집합.
기호로 $\phi$와 같이 나타낸다.

> 예 $\{x \mid x$는 2의 배수인 홀수$\}$

**공통내접선**   원의 공통접선에 대하여 두 원이 서로 반대쪽에 있을 때의 접선.

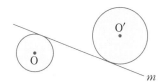

**공통분모**
통분한 분모.

예 $\dfrac{1}{2}$ 과 $\dfrac{1}{3}$ 을 통분하면 $\dfrac{3}{6}$ 과 $\dfrac{2}{6}$ 가 된다. 이 때, 6을 공통분모라고 한다.

**공통외접선**
원의 공통접선에 대하여 두 원이 같은 쪽에 있을 때의 접선.

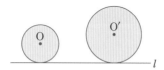

**공통인수**
다항식에 공통으로 포함되어 있는 인수.

예 $5x+20$ 에서 $5x=5\times x$, $20=5\times 4$ 이므로, 5는 $5x$ 와 20의 공통인수이다.

**공통접선**
두 원이 동시에 접하는 직선.
하나의 공통접선에 두 개의 접점이 있을 때, 이 두 접점 사이의 거리를 공통접선의 길이라고 한다.

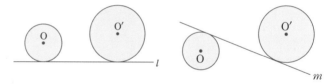

**공통현**

오른쪽 그림과 같이 두 원 O, O′이 두 점 A, B에서 만날 때, 선분 AB를 이 두 원의 공통현이라 한다.

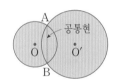

☞ 공통현의 성질
  두 원이 두 점에서 만날 때,
  공통현은 중심선에 의하여
  수직이등분된다.

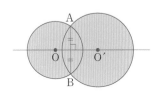

**교각**

두 직선이 만날 때 생기는 네 각.

예

교각 : $\angle a$, $\angle b$, $\angle c$, $\angle d$

**교선**

면과 면이 만나서 생기는 선.
교선에는 직선과 곡선이 있다.

예

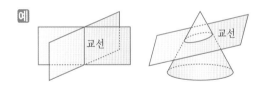

**교점**

선과 선 또는 선과 면이 만나서 생기는 점.

예

교점

교점

**교집합**

두 집합 $A$, $B$에 대하여 $A$에도 속하고 $B$에도 속하는 원소들로 이루어진 집합을 $A$와 $B$의 교집합이라고 하고, 이것을 기호로 $A \cap B$로 나타낸다. 이것을 조건제시법으로 나타내면 $A \cap B = \{x \mid x \in A$ 그리고 $x \in B\}$ 이다.

예 $A = \{1, 2, 3\}$
$B = \{2, 3, 4, 5\}$
$A \cap B = \{2, 3\}$

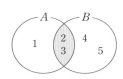

참고 일반적으로, 두 집합 $A$, $B$에 대하여 교환법칙과 결합법칙이 성립한다. 즉 $A \cap B = B \cap A$, $(A \cap B) \cap C = A \cap (B \cap C)$이다.

**교환법칙**

덧셈의 교환법칙 : $a + b = b + a$
덧셈을 할 때, 더하는 두 수의 순서를 바꾸어 더하여도 그 합은 같다.

예 $20 + 35 = 35 + 20$

곱셈의 교환법칙 : $a \times b = b \times a$
곱셈을 할 때, 곱하는 두 수의 순서를 바꾸어 곱하여도 그 곱은 같다.

예 $3 \times 2 = 2 \times 3$

**구**

지름을 축으로 하여 반원을 1회전시켜서 얻은 입체도형.
반원의 중심, 반지름, 지름을 각각 구의 중심, 반지름, 지름이
라고 한다.

예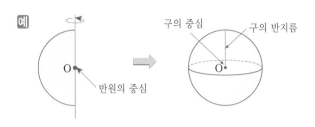

**구의
겉넓이**

반지름의 길이가 $r$인 구의 겉넓이 $S$는

$$S = 4\pi r^2$$

예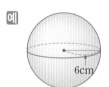

6cm

구의 겉넓이 : $4\pi \times 6 \times 6 = 144\pi\,(\mathrm{cm}^2)$

**구의 부피**

반지름의 길이가 $r$인 구의 부피 $V$는

$$V = \frac{4}{3}\pi r^3$$

예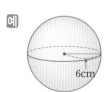

6cm

구의 부피 : $\dfrac{4}{3}\pi \times 6 \times 6 \times 6 = 288\pi\,(\mathrm{cm}^3)$

| 그램(g) | 무게의 단위. 그램이라고 읽는다. |
|---|---|

$$1000g = 1kg$$

| 그림그래프 | 수량을 그림으로 나타낸 그래프. |
|---|---|

예 문제집 판매량

참고 그림그래프는 표와 비교하여 통계적인 사실을 한눈에 쉽게 알 수 있고, 각 부분 간의 통계적인 사실을 서로 비교하기 쉽다.

| 근 | 방정식이나 부등식을 참이 되게 하는 값. |
|---|---|

예 $3x = 4x - 1$

$x = 1$이면 $3 \times 1 = 4 \times 1 - 1 = 3$ (참) ← 근 : $x = 1$

| 근과 계수 와의 관계 | 이차방정식 $ax^2 + bx + c = 0$ $(a \neq 0)$의 두 근을 $\alpha$, $\beta$라고 할 때, |
|---|---|

$$\alpha + \beta = -\frac{b}{a}, \ \alpha\beta = \frac{c}{a}$$

예 이차방정식 $2x^2 - 3x + 1 = 0$의 두 근을 $\alpha$, $\beta$라고 할 때,

$$\alpha + \beta = -\frac{(-3)}{2} = \frac{3}{2}, \ \alpha\beta = \frac{1}{2}$$

**근삿값**

측정하거나 혹은 다른 어떤 방법으로 얻은 참값에 가까운 값을 참값에 대한 근삿값이라 한다.

　📖 근삿값의 표현 방법
　유효숫자를 근삿값으로 표현할 때, 유효숫자들로 된 부분을 정수 부분이 한 자리인 수 $a$로 하여 다음과 같이 나타낸다.

$a \times 10^n$ 또는 $a \times \dfrac{1}{10^n}$ ($n$은 양의 정수, $1 \leq a < 10$)

---

**근삿값의 덧셈**

주어진 수를 더한 후, 근삿값 중 오차의 한계가 큰 수의 끝자리에 맞추어 반올림한다.

예 $125 + 380.5 = 505.5 \fallingdotseq 506$

---

**근삿값의 뺄셈**

주어진 수를 뺀 후, 근삿값 중 오차의 한계가 큰 수의 끝자리에 맞추어 반올림한다.

예 $153.7 - 141 = 12.7 \fallingdotseq 13$

---

**근호**

$\sqrt{a}$에서 $\sqrt{\phantom{a}}$를 근호라 한다.

**기약분수**

$\dfrac{2}{5}, \dfrac{4}{9}, \cdots$와 같이 분모와 분자의 공약수가 1뿐인 분수.

참고 기약분수로 나타낼 때에는 분모와 분자를 그들의 최대공약수로 나누는 것이 편리하다.

**기울기**

일차함수 $y=ax+b$에서 $x$의 값의 증가량에 대한 $y$의 값의 증가량의 비율.

예 일차함수 $y=2x-1$의 그래프의 기울기는 2이다.

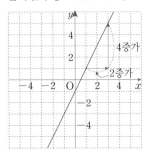

참고 기울기는 항상 일정하며 일반적으로 일차함수 $y=ax+b$의 그래프의 기울기는 $x$의 계수 $a$와 같다.

**꺾은선그래프**  조사한 값들을 가로 눈금과 세로 눈금에서 찾아 만나는 곳에 점을 찍고, 그 점을 선분으로 이어 그린 그래프.

예

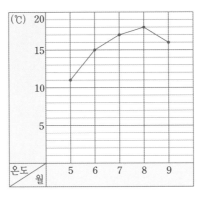

어느 도시의 월평균 기온

참고 꺾은선그래프는 변화하는 모양과 정도를 알아보기 쉽다.

**꼬인 위치**  공간에 있는 두 직선이 만나지도 않고 평행하지도 않을 때, 이 두 직선을 꼬인 위치에 있다고 한다.

예

29

| 나누어 떨어 진다 | 나눗셈을 했을 때, 나머지가 0인 경우. |
|---|---|
| 나눗셈식 | 24÷4=6과 같은 식. |
| 나머지 | 나눗셈에서 나누어 떨어지지 않고 남는 수. |

> 예 25를 7로 나누면 몫은 3이고 4가 남는다. 이 때, 4를 25÷7의 나머지라고 한다.
>
> $$25 \ \div \ 7 \ = \ 3 \ \cdots \ 4$$
> 나누어지는 수  나누는 수  몫  나머지

| 내대각 | 사각형의 한 외각에 이웃하는 내각의 대각을 그 외각의 내대각이라고 한다. |
|---|---|

> 예 □ABCD에서 ∠DCE의 내대각은 ∠A이다.

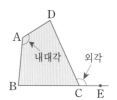

내대각   외각

| 내접 | 다각형의 모든 변이 그 내부에 있는 한 원에 접할 때, 그 원은 이 다각형에 내접한다고 한다. |
|---|---|
| 내접원 | 원이 다각형에 내접할 때, 이 원을 그 다각형의 내접원이라고 한다. |

> 예 삼각형의 내접원

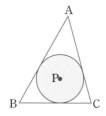

**내항**

비례식에서 안쪽에 있는 두 항.

예 $3 : \overbrace{10 = 9}^{\text{내항}} : 30$

참고 비례식에서 외항의 곱과 내항의 곱은 같다.

❂ 내항의 곱 : 비례식에서 안쪽에 있는 두 항의 곱
　외항의 곱 : 비례식에서 바깥쪽에 있는 두 항의 곱

예 $\underset{3 \times 30}{\underbrace{3 : \overbrace{10 = 9}^{10 \times 9} : 30}}$　내항의 곱 : $10 \times 9 = 90$　$\Big]\, 10 \times 9 = 3 \times 30$
　　　　　　　　　　　　　외항의 곱 : $3 \times 30 = 90$

**누적도수**

처음 계급부터 어떤 계급까지의 도수를 차례대로 더한 값.

참고 누적도수는 자료 전체 중 어떤 대상이 차지하는 위치를 알아볼 때 편리하다.

**누적도수의 분포다각형**

도수분포다각형의 세로축에 도수 대신 누적도수를 적어서 나타낸 그래프.

**누적도수의 분포표**

도수분포표의 도수 대신 누적도수를 나타낸 표.

**다각형**

선분으로만 둘러싸인 도형. 다각형은 변의 수에 따라 삼각형, 사각형, 오각형, 육각형, …이라 한다.

예   삼각형        사각형        오각형

**다각형의 내각**

다각형의 각 꼭짓점에서 만들어지는 각 중에서 그 다각형의 내부에 있는 각.

예

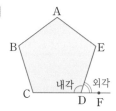

**다각형의 내각의 크기의 합**

$n$각형의 내각의 크기의 합은 $180° \times (n-2)$이다.

예   사각형의 내각의 크기의 합 : $180° \times (4-2) = 360°$
오각형의 내각의 크기의 합 : $180° \times (5-2) = 540°$

**다각형의 둘레**

다각형의 각 변의 길이의 합.

예   삼각형 ㄱㄴㄷ의 둘레의 길이를 구하면,
$3+4+5 = 12 \,(\text{cm})$

**다각형의
외각**

다각형의 각 꼭짓점에서 이웃하는 두 변 가운데 한 변의 연장 선과 다른 변이 이루는 각.

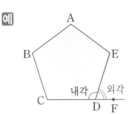

**다각형의
외각의
크기의 합**

다각형의 외각의 크기의 합은 꼭짓점의 개수에 관계없이 항상 $360°$이다.

참고 다각형의 한 내각과 그 외각의 크기의 합은 $180°$이므로 $n$각형에 서 (내각의 크기의 합)+(외각의 크기의 합)$=180°×n$
∴ ($n$각형의 외각의 크기의 합)
   $=180°×n-$($n$각형의 내각의 크기의 합)
   $=180°×n-180°×(n-2)$
   $=360°$

**다면체**

몇 개의 다각형으로 둘러싸인 입체도형.
다면체는 그 면의 개수에 따라 사면체, 오면체, 육면체, …라 고 한다.

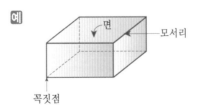

참고 꼭짓점, 모서리, 면의 개수 사이의 관계
다면체에서 꼭짓점의 개수를 $v$, 모서리의 개수를 $e$, 면의 개수를 $f$라 하면
   $v-e+f=2$
가 성립한다.

**다항식**

단항식의 합으로 이루어진 식.

> [예] $-5x^2+2xy$

**다항식의 인수**

하나의 다항식이 2개 이상의 단항식이나 다항식의 곱으로 나타내어질 때, 각각의 식을 처음 식의 인수라고 한다.

> [예] $x(x-y)$에서 $x$와 $(x-y)$는 $x(x-y)$의 인수이다.

**다항식의 차수**

다항식에서 차수가 가장 큰 항의 차수.

> [예] 다항식 $5x^2+2x+5$에서 차수가 가장 큰 항의 차수는 2이다. 따라서, 다항식 $5x^2+2x+5$의 차수는 2이다.

**단면**       입체도형을 평면으로 잘랐을 때에 생기는 도형의 면.

     ◕ 원기둥의 단면
        1. 회전축을 품은 평면으로 자른 단면의 모양 : 직사각형
        2. 회전축에 수직인 평면으로 자른 단면의 모양 : 원

     ◕ 원뿔의 단면
        1. 회전축을 품은 평면으로 자른 단면의 모양 : 이등변삼
           각형
        2. 회전축에 수직인 평면으로 자른 단면의 모양 : 원

     ◕ 구의 단면
        구를 여러 방향의 평면으로 자른 단면의 모양은 모두 원
        이다.

**단위길이**      뼘의 길이와 같이 어떤 길이를 재는 데 기준이 되는 길이.

**단항식**  숫자와 문자의 곱으로 이루어진 식.

> 예 $5a,\ 3x^2,\ -2xy$

**닮은도형**  한 도형을 일정한 비율로 확대 또는 축소하거나 그대로 다른 입체도형에 일치시킬 수 있을 때, 두 도형을 서로 닮았다고 하고, 닮은 두 도형을 닮은도형 또는 닮은꼴이라고 한다.

> 예 입체도형 $A'$은 입체도형 $A$를 2배로 확대한 것이다. 두 입체도형은 닮은도형이다.

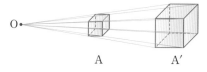

♀ 닮은도형의 성질(평면도형)
  1. 대응변의 길이의 비는 일정하다.
  2. 대응각의 크기는 서로 같다.

♀ 닮은도형의 성질(입체도형)
  1. 대응면은 닮은도형이다.
  2. 대응변의 길이의 비는 일정하다.

**닮음비**  두 닮은도형에서 대응변의 길이의 비 또는 비의 값.

예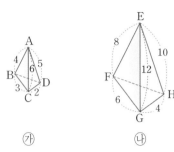

㉮            ㉯

입체도형 ㉮, ㉯의 닮음비는 $1 : 2$이다.

○ 닮은도형의 넓이의 비
　닮음비가 $m : n$이면 넓이의 비는 $m^2 : n^2$이다.

○ 닮은도형의 겉넓이의 비
　닮음비가 $m : n$이면 겉넓이의 비는 $m^2 : n^2$이다.

○ 닮은도형의 부피의 비
　닮음비가 $m : n$이면 부피의 비는 $m^3 : n^3$이다.

**닮음의
위치**  닮은도형의 두 대응점을 지나는 직선이 모두 한 점 O를 지나고, 대응하는 변이 모두 평행일 때, 이들 두 도형은 닮음의 위치에 있다고 하고, 점 O를 닮음의 중심이라고 한다.
닮음의 중심 O로부터 두 닮은도형의 대응하는 점까지의 거리의 비는 일정하고, 이것은 닮음비와 같다.

예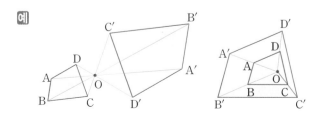

**대각**

삼각형에서 한 변과 마주 보는 각 또는 사각형에서 서로 마주 보고 있는 각.

예

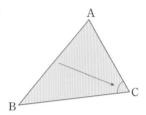

△ABC에서 $\overline{AB}$, $\overline{BC}$, $\overline{CA}$의 대각은 각각 ∠C, ∠A, ∠B이다.

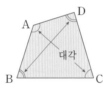

□ABCD에서 ∠DAB와 ∠BCD, ∠ABC와 ∠CDA는 서로 대각이다.

---

**대각선**

다각형 또는 입체도형에서 이웃하지 않은 두 꼭짓점을 이은 선분.

예

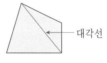 대각선

 대각선

참고 다각형의 대각선의 개수 구하기

$$(n각형의\ 대각선의\ 총\ 개수) = \frac{1}{2}n \times (n-3)$$

꼭짓점의 개수　　한 꼭짓점에서 그을 수 있는 대각선의 개수

**대각선의
길이**

◎ 직사각형의 대각선의 길이

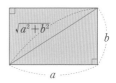

◎ 정사각형의 대각선의 길이

◎ 직육면체의 대각선의 길이

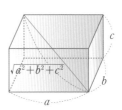

◎ 정육면체의 대각선의 길이

**대변**

삼각형에서 한 각과 마주 보는 변 또는 사각형에서 서로 마주
보고 있는 변.

 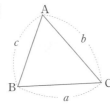

△ABC에서 ∠A, ∠B, ∠C
의 대변은 각각 $\overline{BC}$, $\overline{CA}$,
$\overline{AB}$이고, 이것을 차례대로 $a$,
$b$, $c$와 같이 나타내기도 한다.

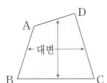

□ABCD에서 $\overline{AB}$와 $\overline{CD}$,
$\overline{BC}$와 $\overline{DA}$는 서로 대변이다.

**대분수**

자연수와 진분수의 합으로 나타낸 분수.

> **예** $2\dfrac{5}{6}$, $1\dfrac{2}{7}$, $4\dfrac{1}{3}$

**대입**

문자를 포함한 식에서 문자를 어떤 수로 바꾸어 놓는 것을 대입이라고 한다. 이 때, 대입하여 얻은 값을 식의 값이라고 한다.

> **예** $5x-2$
>
> $x$에 2를 대입 : $5x-2=5\times2-2=8$ → 식의 값 : 8

**대입법**

방정식을 한 미지수 $x$ 또는 $y$에 관하여 풀어서 다른 방정식에 대입하여 해를 구하는 방법.

> **예** $\begin{cases} -2x+y=5 & \cdots\cdots ① \\ x-y=-2 & \cdots\cdots ② \end{cases}$
>
> ①을 $y$에 관하여 풀면 $y=2x+5$ $\cdots\cdots$ ③
> ③을 ②에 대입하여 풀면 $x=-3$
> 이것을 ③에 대입하면 $y=-1$
> 따라서, 구하는 해는 $x=-3$, $y=-1$이다.

**대푯값**

자료 전체의 특징을 하나의 수로 나타낸 것.
대푯값에는 평균(산술평균), 중앙값, 최빈값 등이 있으나 주로 평균을 많이 사용한다.

**데시리터(dL)**  들이의 단위.

데시리터라고 읽는다.

$1L = 10dL = 1000mL$

$1dL = 100mL$

**도**  직각의 $\dfrac{1}{90}$ 을 각도의 단위로 하여 이것을 1도라 하고, 기호로 °로 나타낸다.

> 참고  1도의 $\dfrac{1}{60}$ 을 1분이라 하고, 기호로 ′로 나타낸다.
>
> 1분의 $\dfrac{1}{60}$ 을 1초라 하고, 기호로 ″로 나타낸다.
>
> 즉, $\angle R = 90°$, $1° = 60′$, $1′ = 60″$이다.

**도수**  각 계급에 속하는 자료의 수.

**도수분포 곡선**  자료의 수가 많고 계급의 폭이 작아질수록 도수분포다각형은 일반적으로 곡선에 가까워지는데, 이와 같은 곡선을 도수분포곡선이라 한다.

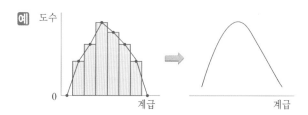

> 참고  도수분포곡선은 대체로 중앙이 높고 좌우가 낮은 대칭형인 경우가 많으나, 자료의 내용에 따라 여러 가지 모양으로 나타날 수 있다. 또한, 히스토그램을 보고 그 도수분포곡선의 형태를 연상할 수 있다.

| 도수분포<br>다각형 | 히스토그램에서 각 직사각형의 윗변의 중점을 차례대로 선분으로 연결하여 만든 그래프. (양 끝은 도수가 0인 계급을 하나씩 추가하여 그 중점과 연결) |
|---|---|

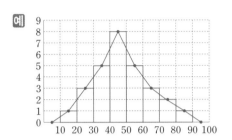

예

참고 도수분포다각형으로 나타낸 그래프는 변량의 분포 상태를 연속적으로 관찰할 수 있으며, 계급의 구간에 따른 도수의 변화를 한 눈에 알아볼 수 있다.

| 도수분포표 | 전체의 자료를 몇 개의 계급으로 나누고 각 계급에 속하는 도수를 조사하여 그 분포 상태를 나타낸 표. |
|---|---|

예  학생들의 키

| 키(cm) | | 학생 수(명) |
|---|---|---|
| $130^{이상}\sim135^{미만}$ | //// | 4 |
| 135  ~140 | //// | 4 |
| 140  ~145 | //// | 5 |
| 145  ~150 | /// | 3 |
| 150  ~155 | //// | 4 |
| 합계 | | 20 |

참고 자료의 전체적인 분포 상태를 알아보기에 편리하다.

**도형 돌리기**   주어진 도형을 오른쪽 또는 왼쪽으로 $90°$, $180°$, $270°$, $360°$ 돌리는 활동.

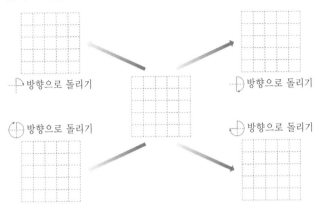

**도형 뒤집기**   주어진 도형을 위, 아래, 왼쪽, 오른쪽 방향으로 뒤집는 활동.

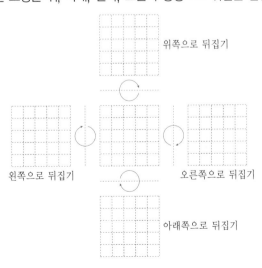

**도형 옮기기**  주어진 도형을 밀어서 옮기는 활동.

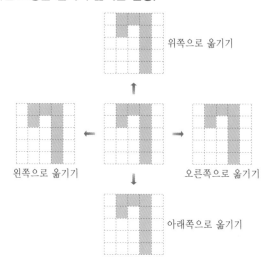

**동류항**  문자와 차수가 같은 항.

> 예 $2x, \ -3x$

**동위각**  두 직선 $l$, $m$이 다른 한 직선 $n$과 만나면 8개의 각이 생긴다. 이 때, 같은 쪽에 위치한 두 각을 각각 서로 동위각이라 한다.

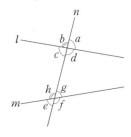

동위각 : $\angle a$와 $\angle g$, $\angle b$와 $\angle h$,
$\angle c$와 $\angle e$, $\angle d$와 $\angle f$

🔎 평행선과 동위각
    두 직선이 한 직선과 만날 때,
    (1) 두 직선이 평행이면 동위각의 크기는 같다.
    (2) 동위각의 크기가 같으면, 두 직선은 평행이다.

**두 점 사이의**
**거리**

두 점을 잇는 선분 중에서 길이가 가장 짧은 선분의 길이.
이 때 선분의 길이를 두 점 사이의 거리라고 한다.

**예**

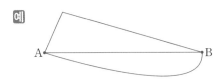

참고 좌표평면 위의 두 점 $P(x_1, y_1)$, $Q(x_2, y_2)$ 사이의 거리는
$$\overline{PQ} = \sqrt{(x_2 - x_1)^2 + (y_2 - y_1)^2}$$
이다.

**둔각**

각의 크기가 $90°$보다 크고 $180°$보다 작은 각.

**둔각삼각형**

한 각의 크기가 둔각인 삼각형.

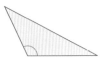

**등변사다리꼴**

평행하지 않은 두 변의 길이가 같은 사다리꼴.

◎ 등변사다리꼴의 성질
  (1) 밑변의 양 끝각의 크기는 같다.
  (2) 두 대각선의 길이는 같다.

**등식**

수나 식이 서로 같음을 등호(=)를 사용하여 나타낸 식.
등식에서 등호의 왼쪽 부분을 좌변, 오른쪽 부분을 우변이라고
하며, 좌변과 우변을 통틀어 양변이라 한다.

> 예 $\underset{\underset{\text{양변}}{\underset{\uparrow}{\underset{\text{좌변}}{\uparrow}}}}{3x+2} \underset{\underset{\text{우변}}{\uparrow}}{=7x}$ : 등식

○ 등식의 성질
  (1) 등식의 양변에 같은 수를 더하여도 등식은 성립한다.
     즉, $a=b$이면 $a+c=b+c$이다.
  (2) 등식의 양변에서 같은 수를 빼어도 등식은 성립한다.
     즉, $a=b$이면 $a-c=b-c$이다.
  (3) 등식의 양변에 같은 수를 곱하여도 등식은 성립한다.
     즉, $a=b$이면 $ac=bc$이다.
  (4) 등식의 양변을 0이 아닌 같은 수로 나누어도 등식은 성
     립한다.
     즉, $a=b$이면 $\dfrac{a}{c}=\dfrac{b}{c}$(단, $c \neq 0$)이다.

**띠그래프**

전체에 대한 각 부분의 비율을 띠의 모양으로 나타낸 그래프.

> 예 좋아하는 계절

| 봄<br>(30%) | 여름<br>(20%) | 가을<br>(35%) | 겨울<br>(15%) |
|---|---|---|---|

**리터**(L)　　　들이의 단위.

리터라고 읽는다.

$1L = 10dL = 1000mL$

참고 안치수의 가로, 세로, 높이가 각각 10cm인 물건의 들이를 나타내는 단위

$1L = 1000cm^3$

## 수학자는 묘비명도 다르다?!

내가 죽으면 나의 묘비에는 어떤 말이 새겨질까? 가끔 외국 영화에 나오는 묘비명을 보면서 누구나 이런 생각을 한번쯤은 해 보았을 것이다.

여기 독특한 묘비명으로 생전보다 오히려 더 유명해진 사람이 있다. 바로 3세기경의 그리스 수학자 디오판토스(Diophantos, ?~?)이다. 그는 '대수학의 아버지'라 불릴 만큼 정수론과 대수학에 큰 공헌을 했으며 최초로 미지수를 문자로 표기했다. 그는 특히 방정식에 많은 업적을 남겼는데, 제자 중 한 사람이 그를 기리기 위해 수수께끼와 같은 문제로 그의 생애를 묘비에 새겨 넣었다.

'지나가는 나그네여, 이 무덤에 잠든 디오판토스의 생애를 수로 말하겠소. 일생의 $\frac{1}{6}$은 소년시대였고, 그 후 $\frac{1}{12}$을 보낸 다음 수염을 길렀소. 그 뒤 다시 일생의 $\frac{1}{7}$을 혼자 살다가 결혼하여 5년 후에 아들을 낳았소. 슬프도다. 그의 아들은 아버지 생애의 $\frac{1}{2}$을 살다 세상을 떠났으며, 이 슬픔을 견디며 4년을 살다가 디오판토스 또한 삶을 마쳤노라.'

이 묘비의 글을 방정식을 사용해 풀어 보면 디오판토스가 몇 세에 삶을 마쳤는지가 나온다. 만약 이 묘비문을 읽고 저절로 방정식이 그려진다면 쉽게 84라는 답을 얻을 수 있을 것이다.

**마름모**

네 변의 길이가 모두 같은 사각형.

● 마름모의 성질
(1) 네 변의 길이가 같다.
(2) 마주 보는 각의 크기가 같다.
(3) 이웃하는 두 각의 크기의 합은 180°이다.

참고 (마름모의 넓이) = (한 대각선) × (다른 대각선) ÷ 2

**막대그래프**

항목별 수량을 막대의 길이로 나타낸 그래프.

예 좋아하는 운동 경기

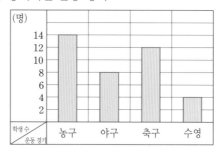

참고 각 변량에 따른 도수를 쉽게 비교할 수 있다.

**맞꼭지각**    두 직선이 만나서 생기는 각 중에서 서로 마주보는 한 쌍의 각.

맞꼭지각 : $\angle a$와 $\angle b$, $\angle c$와 $\angle d$

참고 맞꼭지각의 크기는 서로 같다.

**명제**    참인지 거짓인지를 판별할 수 있는 문장.

예 정삼각형의 세 변의 길이는 모두 같다. (참인 명제)
40은 홀수이다. (거짓인 명제)
축구는 재미있는 스포츠이다. (명제 아님)

**몫**    $24 \div 4 = 6$과 같은 식에서 6은 24를 4로 나눈 몫.

**무리수**

유리수가 아닌 수, 즉 순환하지 않는 무한소수.

무리수는 분수 $\dfrac{b}{a}(a, b : 정수, a \neq 0)$의 꼴로 나타낼 수 없는 수이다.

> **예** 원주율 $\pi = 3.14159265358979323846\cdots$,
> $\sqrt{2} = 1.41421356237\cdots$, $\sqrt{3} = 1.73205080756\cdots$

**무한소수**

소수점 아래에 0이 아닌 숫자가 무한히 많은 소수.

> **예** $0.333\cdots$, $0.363636\cdots$, 원주율 $\pi(3.141592\cdots)$

**무한집합**

원소가 무한히 많은 집합.

> **예** $N = \{x \,|\, x는 2의 배수\} = \{2, 4, 6, 8, \cdots\}$

**물결선($\approx$)**

자료의 차이를 뚜렷이 나타내려고 세로 눈금 한 칸에 대한 양을 적게 잡고, 필요 없는 부분을 물결선($\approx$)으로 줄여서 그린 선.

**미만**

'보다 작은 수'로 경곗값을 포함하지 않는다.

    예 3 미만인 자연수는 1과 2이다.


**미터**(m)

길이의 단위.
미터라고 읽는다.
1m＝100cm＝1000mm
1000m＝1km


**밀리리터**
(mL)

들이의 단위.
밀리리터라고 읽는다.
1L＝10dL＝1000mL
1dL＝100mL

  참고 안치수의 가로, 세로, 높이가 각각 1cm인 물건의 들이를 나타내
는 단위.

1cm  1cm
1cm

1mL＝1cm³
1000mL＝1L


**밀리미터**
(mm)

길이의 단위.
밀리미터라고 읽는다.
1km＝1000m＝100000cm＝1000000mm
1m＝100cm＝1000mm
1cm＝10mm

**반비례**

변하는 두 양 $x$, $y$가 있을 때, 한 쪽의 양 $x$가 2배, 3배, 4배, …로 되면, 다른 쪽의 양 $y$는 $\frac{1}{2}$배, $\frac{1}{3}$배, $\frac{1}{4}$배, …가 되는 관계가 있으면 $y$는 $x$에 반비례한다고 한다.

예 넓이가 24cm²인 직사각형에서 가로의 길이 $x$cm와 세로의 길이 $y$cm 사이의 관계를 알아보자.

| $x$(cm) | 1 | 2 | 3 | 4 | … |
|---------|-----|-----|-----|-----|-----|
| $y$(cm) | 24 | 12 | 8 | 6 | … |

$x$가 2배, 3배, 4배, …가 될 때, $y$는 $\frac{1}{2}$배, $\frac{1}{3}$배, $\frac{1}{4}$배, …가 되는 관계에 있으므로 넓이가 24cm²인 직사각형의 세로의 길이는 가로의 길이에 관하여 반비례한다.

참고 반비례하는 두 양 $x$와 $y$의 관계식 $y=\dfrac{a}{x}$를 반비례 관계식이라 하고, 이 때 상수 $a$를 비례상수라 한다.

예 $y=\dfrac{3}{x}$ : 비례상수 3

**반올림**

구하려는 자리의 한 자리 아래 숫자가 0, 1, 2, 3, 4이면 버리고, 5, 6, 7, 8, 9이면 올리는 방법.

예 637을 일의 자리에서 반올림하여 십의 자리까지 나타내면 → 640
637을 십의 자리에서 반올림하여 백의 자리까지 나타내면 → 600

**반지름**

원의 중심과 원 위의 한 점을 이은 선분.

## 반직선

직선 AB의 한 점 A에서 시작하여 점 B가 있는 쪽의 직선의 부분을 반직선 AB라 하며, 기호로 $\overrightarrow{AB}$와 같이 나타낸다.

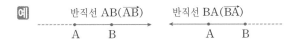

**예** 반직선 AB($\overrightarrow{AB}$)    반직선 BA($\overleftarrow{BA}$)
　　　　A　　B　　　　　　　A　　　B

## 방심

삼각형의 한 내각의 이등분선과 다른 두 외각의 이등분선이 만나는 점.

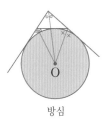

방심

> **참고** 방심을 중심으로 하고, 삼각형의 한 변과 다른 두 변의 연장선에 접하는 원을 그 삼각형의 방접원이라고 한다.

## 방정식

$x$의 값에 따라 참이 되기도 하고, 거짓이 되기도 하는 등식을 $x$에 관한 방정식이라 하고, $x$를 그 방정식의 미지수라 한다.

**예** $5x+2=4$ : $x$에 관한 방정식, $x$ : 미지수

> **참고** 방정식을 만족하는 $x$의 값을 방정식의 해라 하고, 해를 구하는 것을 방정식을 푼다고 한다.
> **예** 방정식 $3x-15=0$에서 $x=5$는 이 방정식을 만족한다. 그러므로 이 방정식의 해는 5이다.

| 방정식을 푼다 | 방정식의 근 또는 해를 구하는 것을 방정식을 푼다고 한다. |
|---|---|

예 $x$가 집합 $\{1, 2, 3\}$의 원소일 때,
방정식 $3x=4x-1$을 풀어라.
$x=1$일 때, 좌변$=3\times1=3$, 우변$=4\times1-1=3$
좌변$=$우변(참)
$x=2$일 때, 좌변$=3\times2=6$, 우변$=4\times2-1=7$
좌변$\neq$우변(거짓)
$x=3$일 때, 좌변$=3\times3=9$, 우변$=4\times3-1=11$
좌변$\neq$우변(거짓)
따라서, $3x=4x-1$의 해는 1이다.

| 배수 | 어떤 수를 1배, 2배, 3배, … 한 수. |
|---|---|

예 6을 1배, 2배, 3배, …한 수 6, 12, 18, …을 6의 배수라고 한다.

| 배수판정법 | 2의 배수 : 어떤 수의 일의 자리의 수가 0 또는 2의 배수인 경우. |
|---|---|

예 30, 436, 5792
3의 배수 : 어떤 수의 각 자리 숫자의 합이 3의 배수인 경우.
예 60, 984, 4911
4의 배수 : 어떤 수의 끝의 두 자리의 수가 00 또는 4의 배수인 경우.
예 100, 324, 9616
5의 배수 : 어떤 수의 일의 자리의 수가 0 또는 5인 경우.
예 80, 2050, 420165
9의 배수 : 어떤 수의 각 자리 숫자의 합이 9의 배수인 경우.
예 99, 621, 4311

**백분율**

기준량을 100으로 할 때의 비율.
퍼센트라고도 하며 기호로 %를 써서 나타낸다.

$$(\text{백분율})(\%)=(\text{비율})\times 100=\frac{(\text{비교하는 양})}{(\text{기준량})}\times 100$$

참고 소금물의 농도$(\%)=\dfrac{(\text{소금의 양})}{(\text{소금물의 양})}\times 100$

**버림**

구하려는 자리의 아래 수를 버려서 나타내는 방법.

예 629를 버림하여 십의 자리까지 나타내면 → 620
629를 버림하여 백의 자리까지 나타내면 → 600

**벤 다이어그램**

집합을 알아보기 쉽도록 원, 직사각형, 타원 등으로 나타낸 그림.

예 $A=\{1, 2, 3, 4, 5\}$

**변**

다각형을 이루고 있는 선분.

| **변량** | 자료를 수량으로 나타낸 것. |
|---|---|

예       —— 학생들의 키 ——

(단위 : cm)

| 131 | 145 | 134 | 137 | 150 |
|---|---|---|---|---|
| 142 | 132 | 148 | 143 | 136 |
| 150 | 146 | 141 | 138 | 151 |
| 137 | 133 | 142 | 144 | 153 |

| **변수** | $x$, $y$와 같이 변화하는 여러 가지 값을 나타내는 문자. |
|---|---|

| **부등식** | 부등호를 사용하여 두 수 또는 식의 대소 관계를 나타낸 식. |
|---|---|

예  $x > y$, $2 < 3$

🔵 부등식의 성질

(1) 부등식의 양변에 같은 수를 더하거나 빼어도 부등호의 방향은 바뀌지 않는다.

즉, $a < b$이면 $a + c < b + c$, $a - c < b - c$이다.

(2) 부등식의 양변에 같은 양수를 곱하거나, 양변을 같은 양수로 나누어도 부등호 방향은 바뀌지 않는다.

즉, $c > 0$일 때, $a < b$이면 $ac < bc$, $\dfrac{a}{c} < \dfrac{b}{c}$이다.

(3) 부등식 양변에 같은 음수를 곱하거나, 양변을 같은 음수로 나누면 부등호의 방향은 처음과 반대가 된다.

즉, $c < 0$일 때, $a < b$이면 $ac > bc$, $\dfrac{a}{c} > \dfrac{b}{c}$이다.

참고  주어진 부등식을 참이 되게 하는 $x$의 값을 그 부등식의 해라고 한다. 또 주어진 부등식의 해를 구하는 것을 부등식을 푼다라고 한다.
예  $x$가 집합 $\{-1, 0, 1\}$의 원소일 때, 부등식 $2x > 1$의 해는 1이다.

**부분집합**

집합 $A$의 모든 원소가 집합 $B$에 속할 때, 집합 $A$를 집합 $B$의 부분집합이라 한다. 이 때, $A$는 $B$에 포함된다 또는 $B$는 $A$를 포함한다고 하며, 기호로 $A \subset B$ 또는 $B \supset A$로 나타낸다.

> **예** $A = \{1\}$, $B = \{1, 2\}$이면 $A \subset B$

**참고** 공집합 $\phi$은 모든 집합의 부분집합이며, 어떤 집합도 자기 자신의 부분집합이다.

○ 부분집합의 개수 구하기

집합 $A$의 원소의 개수가 $n$개일 때, $A$의 부분집합의 개수는 $2^n$(개)이다.

> **예** $A = \{1\}$이면 $A$의 부분집합의 개수는 $2^1 (=2)$개
> $A = \{1, 2\}$이면 $A$의 부분집합의 개수는 $2^2 (=4)$개
> $A = \{1, 2, 3\}$이면 $A$의 부분집합의 개수는 $2^3 (=8)$개
> $\vdots$ $\vdots$

**부채꼴**

원의 두 반지름 OA, OB와 호 AB로 이루어진 도형.

**부채꼴의
넓이**

반지름의 길이가 $r$이고 중심각의 크기가 $x°$인 부채꼴의 넓이 $S$는

$$S = \pi r^2 \times \frac{x}{360} = \frac{1}{2}rl$$

 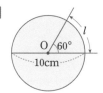

$$S = \pi \times 5^2 \times \frac{60}{360} = \frac{25}{6}\pi$$
$$= \frac{1}{2} \times 5 \times \frac{5}{3}\pi = \frac{25}{6}\pi$$

참고 부채꼴의 넓이는 중심각의 크기에 비례한다.

**부채꼴의
호의 길이**

반지름의 길이가 $r$이고 중심각의 크기가 $x°$인 부채꼴의 호의 길이 $l$은

$$l = 2\pi r \times \frac{x}{360}$$

 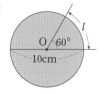

$$l = 2 \times \pi \times 5 \times \frac{60}{360} = \frac{5}{3}\pi$$

참고 부채꼴의 호의 길이는 중심각의 크기에 비례한다.

**분모**      분수의 가로선의 아래쪽에 있는 수.

$$\frac{3}{10} \begin{array}{l} \longleftarrow \text{분자} \\ \longleftarrow \text{분모} \end{array}$$

**분모의
유리화**      분모에 근호가 들어 있을 때, 분자와 분모에 0이 아닌 같은 수를 곱하여 분모를 유리수로 고치는 것.

예 $\dfrac{\sqrt{3}}{\sqrt{5}} = \dfrac{\sqrt{3} \times \sqrt{5}}{\sqrt{5} \times \sqrt{5}} = \dfrac{\sqrt{15}}{5}$

**분배법칙**      덧셈에 대한 곱셈의 분배법칙 :
$$a \times (b+c) = a \times b + a \times c, \ (a+b) \times c = a \times c + b \times c$$

예 $6 \times (2+3) = 6 \times 2 + 6 \times 3,$
$(2+3) \times 6 = 2 \times 6 + 3 \times 6$

**분수**      $\dfrac{1}{2}, \dfrac{3}{5}$ 과 같은 수.

**분자**      분수의 가로선의 위쪽에 있는 수.

$$\frac{3}{10} \begin{array}{l} \longleftarrow \text{분자} \\ \longleftarrow \text{분모} \end{array}$$

ㅂ

**비**

남학생 수 4명과 여학생 수 2명을 비교하는 것을 4 : 2로 나타내고, 4대 2라고 읽는다. 이것을 2에 대한 4의 비 또는 4의 2에 대한 비라고도 하며, 간단히 4와 2의 비라고도 한다.

참고 비의 전항과 후항에 0이 아닌 같은 수를 곱하거나 나누어도 비의 값은 같다.

**비례배분**

전체를 주어진 비로 나누는 것.

예 16자루의 연필을 5 : 3의 비로 나누면
$$16 \times \frac{5}{(5+3)} = 10(\text{자루}),\ 16 \times \frac{3}{(5+3)} = 6(\text{자루})$$

**비례식**

비의 값이 같은 두 비를 등식으로 나타낸 식.

예 4 : 5의 비의 값과 8 : 10의 비의 값이 같으므로
4 : 5 = 8 : 10이다.

**비율**

기준량에 대한 비교하는 양의 크기.

$$(\text{비율}) = \frac{(\text{비교하는 양})}{(\text{기준량})}$$

참고 전체 테이프의 길이 8cm를 기준으로 하여 사용한 테이프의 길이 5cm를 비교할 때, 8cm를 기준량, 5cm를 비교하는 양이라고 한다. 또한, 기준량을 1로 볼 때의 비율을 비의 값이라고 하므로 이 때의 비의 값은 $\frac{5}{8}$이다.

**빗변**

직각삼각형에서 직각의 대변.

예 △ABC의 빗변은 $\overline{\rm AB}$이다.

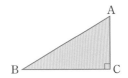

## 좌표의 발견

일상 생활에서 사칙연산 이외에 가장 자주 사용하는 수학 개념을 꼽으라면, 단연 좌표를 들 수 있다. 점의 위치 또는 두 값의 상관관계를 쉽고 간단하게 나타낼 수 있는 좌표는 대수학과 기하학의 역사상 가장 큰 발견이었다. 그런데 이 큰 발견은 놀랍게도 17세기의 철학자이자 수학인 데카르트(Rene Descartes, 1596~1650)의 작은 습관에서 비롯되었다.

그는 어렸을 때부터 몸이 허약하여 자연스럽게 침대에 누운 채 생각에 빠지는 걸 좋아했고, 이러한 아침 명상은 그의 평생 습관이 되었다. 군대에 있던 23살의 어느 날도 막사의 침대에 누워 골똘히 명상에 잠겨 있었다. 그런데 때마침 파리 한 마리가 천장에서 어지러이 날아다니는 것을 보게 되었다. '파리의 위치를 수학적으로 나타낼 수는 없을까?' 하는 생각을 하게 된 그는 바둑판 모양의 천장을 보고 힌트를 얻어 연구를 시작했다. 그 결과 가로축과 세로축을 기준으로 위치를 정확히 나타낼 수 있는 '좌표'를 발견하게 되었다.

결국 허약한 몸 때문에 생긴 작은 습관 하나가 수학에서 큰 발전을 이룬 계기가 된 것이다. 실제 데카르트도 아침 명상 습관이 자신의 수학과 철학 연구의 원천이 되었다고 말했다.

**사각형**

4개의 선분으로 둘러싸인 도형을 사각형이라고 하고, 사각형 ㄱㄴㄷㄹ이라고 읽는다. 선분 ㄱㄴ, ㄴㄷ, ㄷㄹ, ㄹㄱ을 사각형의 변이라고 한다. 점 ㄱ, ㄴ, ㄷ, ㄹ을 사각형의 꼭짓점이라고 한다.

**사각형그래프**

각 부분의 수량에 대한 비율을 작은 정사각형의 개수로 나타낸 그래프.

예 선생님이 이용하는 교통수단

| | | | | | | | | |
|---|---|---|---|---|---|---|---|---|
| | | | | | | | | |
| | | | | | | | 택 | 시 |
| | | | | 지 | | | | |
| | 버 | | | | | | | |
| | | | | 하 | 도 | | 자 | |
| | 스 | | | | | | | |
| | | | | 철 | 보 | | 전 | |
| | | | | | | | | |
| | | | | | | | 거 | |
| | | | | | | | | |

**사각형의
포함 관계**

사각형의 포함 관계를 벤 다이어그램으로 나타내면 다음과 같다.

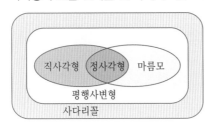

**사건**

어떤 실험이나 관찰에 의하여 일어나는 결과.

> 예 한 개의 주사위를 던질 때, '짝수의 눈이 나온다.', '3의 배수의 눈이 나온다.'는 사건이다.

**사다리꼴**

마주 보는 한 쌍의 변이 서로 평행인 사각형.

사다리꼴에서 평행인 두 변을 밑변이라 하고, 밑변을 위치에 따라 윗변, 아랫변이라고 한다. 그리고 두 밑변 사이의 거리를 높이라고 한다.

참고 (사다리꼴의 넓이)＝{(윗변)＋(아랫변)}×(높이)÷2

**사분면**

아래의 그림과 같이 $x$축, $y$축의 두 좌표축은 좌표평면을 네 부분으로 나누는데, 그 각 부분을 제 1사분면, 제 2사분면, 제 3사분면, 제 4사분면이라 한다.

| 제 2사분면 | 제 1사분면 |
|:---:|:---:|
| $(-, +)$ | $(+, +)$ |

O ——— $x$

| 제 3사분면 | 제 4사분면 |
|:---:|:---:|
| $(-, -)$ | $(+, -)$ |

참고 좌표축 위의 점은 어느 사분면에도 속하지 않는다.

**사인(sin)**

$\angle C = 90°$인 직각삼각형 ABC에서 $\dfrac{\overline{BC}}{\overline{AB}}$를 $\angle A$의 사인이라 하고, $\sin A$로 나타낸다.

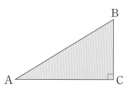

**삼각비**

$\angle C = 90°$인 직각삼각형 ABC에서 $\sin A$, $\cos A$, $\tan A$를 $\angle A$의 삼각비라고 한다.

**삼각형**

3개의 선분으로 둘러싸인 도형을 삼각형이라고 하고, 삼각형 ㄱㄴㄷ이라고 읽는다. 선분 ㄱㄴ, ㄴㄷ, ㄷㄱ을 삼각형의 변이라고 한다. 점 ㄱ, ㄴ, ㄷ을 삼각형의 꼭짓점이라고 한다.

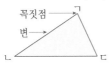

◑ 삼각형의 밑변과 높이
　삼각형 ㄱㄴㄷ에서 변 ㄴㄷ을 밑변이라 하고, 꼭짓점 ㄱ에서 밑변에 수직으로 그은 선분 ㄱㄹ을 높이라고 한다.

참고 삼각형의 세 내각의 크기의 합은 180°이다.

---

**삼각형의 결정조건**

다음 경우에 삼각형의 모양이나 크기는 하나로 결정된다.
(1) 세 변의 길이를 알 때
(2) 두 변의 길이와 그 끼인각의 크기를 알 때
(3) 한 변의 길이와 그 양 끝각의 크기를 알 때

---

**삼각형의 내심**

삼각형의 세 내각의 이등분선은 한 점에서 만나며, 그 점을 내심이라고 한다.

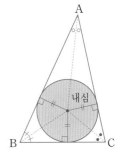

참고 내심에서 삼각형의 세 변에 이르는 거리는 모두 같다.

**삼각형의 넓이**

(1) (삼각형의 넓이)=(평행사변형의 넓이)÷2

　　　　　　 =(밑변)×(높이)÷2

예 삼각형의 넓이를 구하여라.

$$7 \times 6 \div 2 = 21 (\text{cm}^2)$$

(2) △ABC에서 두 변의 길이 $a$, $c$와 그 끼인각 ∠B의 크기를 알 때, 이 삼각형의 넓이 $S$는

[1] ∠B가 예각인 경우　　　　 [2] ∠B가 둔각인 경우

$$S = \frac{1}{2} ac \sin B \qquad\qquad S = \frac{1}{2} ac \sin(180° - B)$$

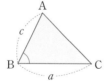 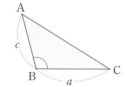

예 두 변의 길이가 각각 4cm, 8cm이고, 그 끼인각의 크기가 150°인 삼각형의 넓이를 구하여라.

삼각형의 넓이 공식 두 번째를 이용하여 각 값을 대입하면

$$S = \frac{1}{2} ac \sin(180° - B)$$

$$= \frac{1}{2} \times 4 \times 8 \times \sin(180° - 150°)$$

$$= 16 \times \sin 30°$$

$$= 16 \times \frac{1}{2}$$

$$= 8$$

**삼각형의 닮음조건**

(1) 세 쌍의 대응변의 길이의 비가 같을 때 (SSS 닮음)
$$\frac{a}{a'} = \frac{b}{b'} = \frac{c}{c'}$$

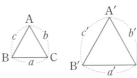

(2) 두 쌍의 대응변의 길이의 비와 그 끼인각의 크기가 같을 때 (SAS 닮음)
$$\frac{a}{a'} = \frac{c}{c'}, \ \angle B = \angle B'$$

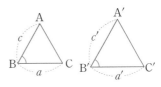

(3) 두 쌍의 대응각의 크기가 각각 같을 때 (AA 닮음)
$$\angle B = \angle B',$$
$$\angle C = \angle C'$$

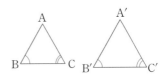

**삼각형의 무게중심**

삼각형의 세 중선의 교점.

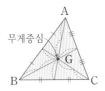

참고 무게중심은 각 중선의 길이를 꼭짓점으로부터 2 : 1로 나누는 점이다.

**삼각형의 외각의 크기**

삼각형의 한 외각의 크기는 그와 이웃하지 않는 두 내각의 크기의 합과 같다.

예 $\angle A + \angle B + \angle C = 180°$
$\angle ACD + \angle C = 180°$
이므로
$\angle ACD = \angle A + \angle B$

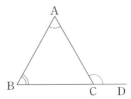

**삼각형의 외심**

삼각형의 세 변의 수직이등분선의 교점.

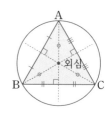

💡 삼각형의 외심의 위치
  (1) 예각삼각형의 외심은 삼각형의 내부에 있다.
  (2) 둔각삼각형의 외심은 삼각형의 외부에 있다.
  (3) 직각삼각형의 외심은 빗변의 중점에 있다.

참고 외심에서 삼각형의 꼭짓점에서 이르는 거리는 모두 같다.

**삼각형의 중점 연결 정리**

💡 삼각형의 중점연결 정리(1)
  삼각형의 두 변의 중점을 연결한 선분은 나머지 변과 평행하고, 그 길이는 나머지 변의 길이의 반과 같다. 즉, △ABC에서 $\overline{AB}$, $\overline{AC}$ 의 중점을 각각 D, E라 하면
  (1) $\overline{DE} \, /\!/ \, \overline{BC}$
  (2) $\overline{DE} = \dfrac{1}{2} \, \overline{BC}$

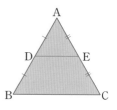

💡 삼각형의 중점연결 정리(2)
  삼각형의 한 변의 중점을 지나고 다른 한 변에 평행한 직선은 나머지 한 변의 중점을 지난다.
  즉, △ABC에서 $\overline{AD} = \overline{DB}$이고, $\overline{BC} \, /\!/ \, \overline{DE}$이면 $\overline{AE} = \overline{EC}$이다.

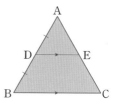

**삼각형의
합동조건**

(1) 대응하는 세 변의 길이가 같을 때 (SSS합동)

즉, $\overline{AB}=\overline{A'B'}$, $\overline{BC}=\overline{B'C'}$, $\overline{CA}=\overline{C'A'}$

 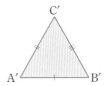

(2) 대응하는 두 변의 길이가 각각 같고, 그 끼인각의 크기가 같을 때 (SAS합동)

즉, $\overline{AB}=\overline{A'B'}$, $\overline{AC}=\overline{A'C'}$, $\angle A=\angle A'$

 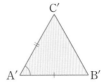

(3) 대응하는 한 변의 길이가 같고, 그 양 끝각의 크기가 같을 때 (ASA합동)

즉, $\overline{AB}=\overline{A'B'}$, $\angle A=\angle A'$, $\angle B=\angle B'$

 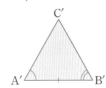

**상관관계**

두 변량 $x$, $y$에 있어서 한 쪽 변량의 변화와 다른 쪽 변량의 변화 사이의 관계.

예 사람의 몸무게와 키 사이에는 상관관계가 있다.

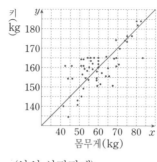

(양의 상관관계)    (음의 상관관계)

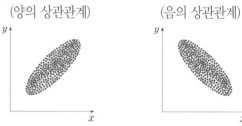

참고 두 변량 $x$, $y$에서 한 쪽 변량이 커짐에 따라 다른 쪽 변량이 커지거나 작아지는 관계가 있을 때 상관관계가 있다고 하고, 그렇지 않을 때 상관관계가 없다고 한다.

**상관도**

두 변량 $x$, $y$에 대하여 이들을 좌표로 하는 순서쌍 $(x,\ y)$를 좌표평면 위에 나타낸 그래프.

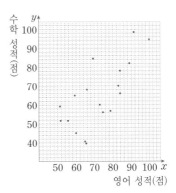

참고 상관도를 보면 두 변량 $x$, $y$ 사이에 $x$의 값이 커짐에 따라 $y$의 값이 커지는지 또는 작아지는지를 알 수 있으며, 두 변량 사이의 연관성도 파악할 수 있다.

**상관표**

두 변량의 도수분포를 함께 나타낸 표.

예

| 수학(점) 과학(점) | 50이상~60미만 | 60~70 | 70~80 | 80~90 | 90~100 | 합계 |
|---|---|---|---|---|---|---|
| 90이상~100미만 | | | | 2 | | 2 |
| 80 ~ 90 | | 1 | | 1 | 1 | 3 |
| 70 ~ 80 | 1 | 1 | | 1 | | 3 |
| 60 ~ 70 | | 1 | 2 | 1 | | 4 |
| 50 ~ 60 | 2 | | | 1 | | 3 |
| 합계 | 3 | 3 | 2 | 6 | 1 | 15 |

참고 상관표를 보면 두 자료의 분포 상태를 알 수 있으며, 상관도와 같이 상관관계를 알 수 있다.

| | |
|---|---|
| **상대도수** | 전체 도수에 대한 각 계급의 도수의 비율.<br><br>(각 계급의 상대도수)$=\dfrac{(그\ 계급의\ 도수)}{(도수의\ 합)}$ |

예 어느 학급 학생들의 몸무게(kg)

| 몸무게(kg) | 도수(명) | 상대도수 |
|---|---|---|
| 30$^{이상}$～40$^{미만}$ | 2 | 0.05 |
| 40 ～50 | 13 | 0.325 |
| 50 ～60 | 14 | 0.35 |
| 60 ～70 | 8 | 0.2 |
| 70 ～80 | 3 | 0.075 |
| 합계 | 40 | 1 |

참고 (상대도수의 합)$=\dfrac{(그\ 계급의\ 도수의\ 합)}{(도수의\ 합)}=\dfrac{(전체도수)}{(전체도수)}=1$이므로 자료에 관계없이 상대도수의 합은 1이다. 상대도수는 전체 자료의 수가 매우 많거나 자료의 수가 다른 두 집단의 분포상태를 비교할 때 유용하다.

| | |
|---|---|
| **상대도수의<br>분포다각형** | 도수분포다각형의 세로축에 도수 대신 상대도수를 적어서 나타낸 그래프. |

예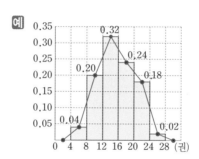

**상대도수의 분포표**

도수분포표의 도수 대신 상대도수를 나타낸 표.

**예**

| 시간(분) | 상대도수 | |
|---|---|---|
| | A학교 | B학교 |
| $30^{이상}$ ~ $35^{미만}$ | 0.05 | 0.02 |
| 35 ~40 | 0.15 | 0.10 |
| 40 ~45 | 0.20 | 0.16 |
| 45 ~50 | 0.30 | 0.28 |
| 50 ~55 | 0.20 | 0.24 |
| 55 ~60 | 0.10 | 0.14 |
| 60 ~65 | 0 | 0.06 |
| 합계 | 1 | 1 |

**상수**

일정한 값을 나타내는 수나 문자.

**예** $y=600x$에서 600은 상수이다.

**상수항**

다항식 $5x^2+y^2+1$에서 1과 같이 수만으로 된 항.

**서로 같은 집합**

두 집합 $A$, $B$의 원소가 모두 같을 때, 즉, $A \subset B$이고 $B \subset A$이면, 두 집합 $A$, $B$는 서로 같다라고 하고, 이것을 기호로 $A=B$와 같이 나타낸다. 한편, 두 집합이 서로 같지 않을 때는 $A \neq B$와 같이 나타낸다.

**예** $A=\{1, 2, 3\}$
$B=\{x \,|\, x$는 4보다 작은 자연수$\}$

**서로소**  최대공약수가 1인 두 자연수.

> **예** 7, 12(서로소 : 최대공약수 1)

**서수**  사물의 순서(위치)를 나타내는 수. (첫째, 둘째, 셋째, …)

**선대칭도형**  어떤 직선으로 접어서 완전히 겹쳐지는 도형.

**예**

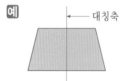

선대칭도형에서 대응점을 이은 선분은 대칭축에 의하여 수직이등분되고, 대칭축에 의하여 수직이등분되는 선분의 양 끝점은 서로 대응점이다.

**선대칭의 위치에 있는 도형**  어떤 직선으로 접어서 완전히 겹쳐지는 두 도형을 그 직선에 대하여 선대칭의 위치에 있다고 한다.

**선분**

두 점을 곧게 이은 선.
점 ㄱ, ㄴ을 이은 선분을 선분 ㄱㄴ 또는 선분 ㄴㄱ이라고 한다.

ㄱ●───────────────────●ㄴ

**세제곱미터**
**(m³)**

한 모서리가 1m인 정육면체의 부피를 $1m^3$
로 쓰고, 일 세제곱미터라고 읽는다.
$1m^3 = 1000000cm^3$

**세제곱센티**
**미터(cm³)**

한 모서리가 1cm인 정육면체의 부피를
$1cm^3$로 쓰고, 일 세제곱센티미터라고 읽는
다.

**센티미터**
**(cm)**

길이의 단위. 센티미터라고 읽는다.

**소거**

두 방정식에서 한 미지수를 없애는 것.

**소수(小數)**　0.1, 2.9, 316.4562와 같은 수.

> 참고 전체를 똑같이 10으로 나눈 것 중의 4는 $\frac{4}{10}$이다. 이것을 0.4로 나타내고, 영점 사라고 읽는다.

$$\frac{4}{10} = 0.4$$

| 일의 자리 | 영점 일의 자리 |
|:---:|:---:|
| 0 | 4 |

$\Rightarrow 0.4$
　　　소수점

**소수(素數)**　1이 아닌 자연수 중에서 1과 그 수 자신만을 약수로 갖는 자연수.

　예 2, 3, 5, 7, 11, 13, 17, 19, …

**소인수**　어떤 수의 인수 중에서 소수인 인수.

　예 30의 인수 : 1, 2, 3, 5, 6, 10, 15, 30
　　 30의 소인수 : 2, 3, 5

**소인수분해**　어떤 수를 소인수만의 곱으로 나타낸 것.

　예 30을 소인수분해하면 30＝2×3×5이다.

**수선**

두 직선이 서로 수직일 때, 한 직선을 다른 직선에 대한 수선 이라고 한다.

> 참고 아래 그림에서 직선 ㄱㅇ과 직선 ㅇㄴ은 서로 수직이고,
> 직선 ㅇㄴ에 대한 수선은 직선 ㄱㅇ이다.

**수선의 발**

직선 $l$ 위에 있지 않은 점 P 에서 직선 $l$에 수선을 그었을 때, 그 교점 H를 점 P에서 직선 $l$에 내린 수선의 발이라 고 한다.

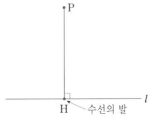

**수심**

삼각형의 각 꼭짓점에서 그 대변에 내린 수 선의 교점.

**수직**

두 직선이 만나서 이루는 각이 직각일 때, 두 직선은 서로 수 직이라고 한다.

> 예 아래 그림에서 직선 가와 직선 나는 서로 수직이다.

기호 : 가⊥나

## 수직선

직선 위의 각 점에 순서대로 수를 대응시킨 것.

## 수직이등분선

선분 AB의 중점 M을 지나 선분 AB에 수직인 직선 $l$을 선분 AB의 수직이등분선이라고 한다.

## 순서쌍

평면 위에 한 점을 나타낼 때 가로 방향과 세로 방향의 위치를 나타내는 두 수의 순서를 생각하여 쌍으로 나타낸 것.

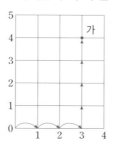

오른쪽으로
3칸을 이동

위쪽으로
4칸을 이동

가(3, 4)

## 순환마디

무한소수에서 되풀이되는 한 부분.

예 무한소수 $0.6666\cdots$, $1.272727\cdots$, $0.1252525\cdots$의
순환마디는 각각 6, 27, 25이다.

**순환소수**

소수점 아래의 어떤 자리에서부터 일정한 숫자의 배열이 한없이 되풀이되는 무한소수.

> 예 $0.6666\cdots$, $1.272727\cdots$, $0.1252525\cdots$ 등을 순환소수라 하고, $0.\dot{6}$, $1.\dot{2}\dot{7}$, $0.1\dot{2}\dot{5}$ 로 간단히 표현한다.

**시각**

시각 : 시간 위의 어떤 한 점.

**시간**

시간 : 시각과 시각 사이.

> 시간의 단위 : 초, 분, 시가 있다.
> 1시간＝60분
> 1분＝60초

> 참고 (시간)＋(시간)＝(시간)  (시각)＋(시간)＝(시각)
> (시간)−(시간)＝(시간)  (시각)−(시간)＝(시각)
> (시각)−(시각)＝(시간)

**식의 값**

식에 들어 있는 문자 대신에 어떤 수로 대입하여 구한 값.

> 예 $x=10$일 때, $2x+5$의 식의 값은 $2\times10+5=25$ 이다.

**실수**

유리수와 무리수를 통틀어 실수라고 한다.

◉ 실수의 분류

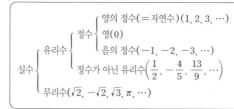
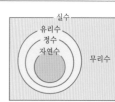

$$실수 \begin{cases} 유리수 \begin{cases} 정수 \begin{cases} 양의\ 정수(=자연수)(1, 2, 3, \cdots) \\ 영(0) \\ 음의\ 정수(-1, -2, -3, \cdots) \end{cases} \\ 정수가\ 아닌\ 유리수\left(\dfrac{1}{2},\ -\dfrac{4}{5},\ \dfrac{13}{9},\ \cdots\right) \end{cases} \\ 무리수(\sqrt{2},\ -\sqrt{2},\ \sqrt{3},\ \pi,\ \cdots) \end{cases}$$

◉ 소수의 분류

$$소수 \begin{cases} 유한소수 \cdots\cdots\cdots\cdots\cdots\cdots\cdots\cdots\cdots \\ 무한소수 \begin{cases} 순환소수 \cdots\cdots\cdots\cdots\cdots\cdots \\ 순환하지\ 않는\ 무한소수 \cdots\cdots\cdots \end{cases} \end{cases}$$
유리수
무리수

참고 실수의 대소비교

$a, b$가 실수일 때,

(1) $a-b>0$이면 $a>b$

(2) $a-b=0$이면 $a=b$

(3) $a-b<0$이면 $a<b$

예 두 실수 $\sqrt{3}-1$과 1의 대소를 비교하여라.

$a=\sqrt{3}-1$, $b=1$이라고 하면

$a-b=(\sqrt{3}-1)-1=\sqrt{3}-2=\sqrt{3}-\sqrt{4}<0$

따라서, $\sqrt{3}-1<1$

---

**십진법**

0, 1, 2, $\cdots$, 9의 10개의 숫자를 사용하여 자리가 하나씩 올라감에 따라 자릿값이 10배씩 커지도록 표시하는 방법.

예 $5643=5\times1000+6\times100+4\times10+3\times1$

참고 십진법의 전개식 : 10의 거듭제곱을 사용하여 나타낸 식

예 $5643=5\times10^3+6\times10^2+4\times10+3\times1$

**수학**
에피소드

## 페르마의 마지막 정리

프랑스의 수학자 피에르 페르마(Pierre de Fermat, 1601~1665)는 본래 법률관이지만 수학에도 뛰어난 재능을 가지고 있었다. 그는 특히 정수론, 해석기하, 미적분 등에 위대한 업적을 남겨, 17세기 최고의 수학자 중 한 명으로 불리게 되었다. 하지만 그를 가장 유명하게 만든 것은 노트에 쓰여진 몇 줄의 글이었다.

후일 사람들에 의해 '페르마의 마지막 정리(Fermat's Last Theorem)'라고 이름 지어진 그 글은 '방정식 $x^n + y^n = z^n$(n은 3 이상의 정수)은 0이 아닌 정수해 x, y, z를 가질 수 없다.'였는데, 문제는 그 뒤에 이어지는 다음과 같은 글이다. '나는 이 정리를 놀라운 방법으로 증명하였다. 그러나 이 책의 여백이 너무 좁아 나의 증명을 다 담을 수가 없다.'

이 짧은 메모는 발견되면서부터 수학계의 큰 관심을 불러일으켰고, 그 후 약 360여 년 동안 수많은 수학자들로 하여금 이 문제에 매달리게 만들었다. 하지만 오랫동안 많은 수학자들이 노력했음에도 불구하고 별 성과는 거두지 못했다. 급기야 1908년에는 독일의 부호이자 수학자인 볼프스켈(Paul Frienrich Wolfskehl, 1856~1906)이 100년 안에 이 정리를 증명하는 사람에게 10만 마르크의 상금을 주라는 유언을 남기고 죽어, '페르마의 마지막 정리'만을 위한 '볼프스켈 상'이 만들어졌다. 이것을 계기로 더 많은 수학자들이 연구에 몰두하지만 누구도 쉽게 그 해법을 찾지 못했다.

하지만 이렇게 절대 풀리지 않을 것 같던 '페르마의 마지막 정리'는 1994년에 미국 프린스턴 대학교의 수학 교수인 앤드류 와일즈(Andrew Wiles)의 7년간의 연구 끝에 정복되고 말았다. 전세계 수학계는 그의 명쾌한 증명에 박수를 보냈고, '볼프스켈 상'의 영예도 그에게로 돌아갔다.

한편 페르마의 마지막 정리는 '과연 페르마 자신이 이 정리에 대해 실제로 증명을 했겠느냐'라는 또 다른 궁금증을 안고 있다. 그의 증명 여부를 알기에는 그가 남긴 메모가 너무 짧았던 탓일 것이다. 그러나 이러한 의문 속에도 이 정리의 가치가 인정되는 것은 페르마의 정리를 풀기 위해 수많은 수학자들이 연구를 한 덕에 수학이 크게 발전했기 때문이다.

**아르**(a)  한 변의 길이가 10m인 정사각형의 넓이를 1a라고 하고, 일 아르라고 읽는다.

$$1a = 100m^2$$

**약분**  분모와 분자를 그들의 공약수로 나누는 것.

예 $\dfrac{24}{30} = \dfrac{12}{15} = \dfrac{4}{5}$

**약수**  어떤 수를 나누어 떨어지게 하는 수.

예 12는 1, 2, 3, 4, 6, 12로 나누어 떨어진다.
    이 때, 1, 2, 3, 4, 6, 12를 12의 약수라고 한다.

**어림수**  실제의 수를 알고 있지만 대강의 수로 나타낼 필요가 있을 경우에 사용하는 대강의 수.

참고 어림수로 나타내는 방법에는 반올림, 올림, 버림이 있다.

**엇각**  두 직선 $l$, $m$이 다른 한 직선 $n$과 만나면 8개의 각이 생긴다. 이 때, 서로 엇갈린 쪽에 위치한 두 각을 각각 서로 엇각이라 한다.
엇각 : $\angle c$와 $\angle g$, $\angle d$와 $\angle h$

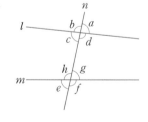

● 평행선과 엇각
  (1) 두 직선이 평행이면 엇각의 크기는 같다.
  (2) 엇각의 크기가 같으면 두 직선은 평행이다.

**여집합**

집합 $A$를 전체집합 $U$의 부분집합이라고 할 때, $U$의 원소 중에서 $A$에 속하지 않는 원소로 이루어진 집합을 $U$에 대한 $A$의 여집합이라 하며, 기호로 $A^c$와 같이 나타낸다. 이것을 조건제시법으로 나타내면 $A^c = \{x \mid x \in U$ 그리고 $x \notin A\}$이다.

> **예** $U = \{x \mid x$는 $6$보다 작은 자연수$\}$, $A = \{2, 4\}$이면
> $A^c = \{1, 3, 5\}$
>
>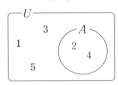

↪ 전체집합과 여집합 사이의 관계
$(A^c)^c = A$, $U^c = \phi$, $\phi^c = U$

**역**

명제 '$p$이면 $q$이다.'의 가정과 결론을 바꾸어 놓은 명제 '$q$이면 $p$이다.'를 처음 명제의 역이라 한다.

$$p\text{이면 } q\text{이다.} \xleftrightarrow[\text{역}]{\text{역}} q\text{이면 } p\text{이다.}$$

> **예** '정삼각형의 세 내각의 크기는 각각 $60°$이다.'의 역은 '세 내각의 크기가 각각 $60°$인 삼각형은 정삼각형이다.'이다.

**역수**

두 수의 곱이 $1$일 때, 두 수를 서로 역수라고 한다.

> **예** $\dfrac{2}{3}$와 $\dfrac{3}{2}$은 서로 역수이다. $\dfrac{2}{3} \times \dfrac{3}{2} = 1$

**연립방정식**  미지수가 2개인 두 일차방정식을 한 쌍으로 한 것을 미지수가 2 개인 연립일차방정식 또는 간단히 연립방정식이라고 한다.

예 $\begin{cases} x+y=8 \\ 300x+100y=1800 \end{cases}$

**연립부등식**  두 개 이상의 부등식을 한 쌍으로 한 것.

예 $\begin{cases} 2x-1<0 \\ 3x+1>4 \end{cases}$

**연비**  셋 이상의 수의 비를 한꺼번에 나타낸 것.

○ 구하는 방법
공통인 항의 두 수를 곱하여 연비를 구하고, 구한 연비의 세 수의 공약수가 있으면 공약수로 나눈다.

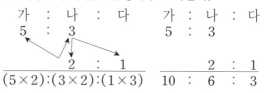

참고 연비의 각 항에 0이 아닌 같은 수를 곱하거나 나누어 간단한 자연수의 연비로 나타낼 수 있다.

**예각**  각의 크기가 0°보다 크고 90°보다 작은 각.

**예각삼각형**    세 각이 모두 예각인 삼각형.

**오심**    한 삼각형에서 외심, 내심, 무게중심, 수심, 방심을 그 삼각형의 오심이라고 한다.

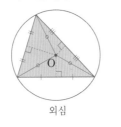
외심

내심

무게중심

수심

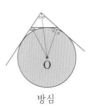
방심

**오차**    근삿값에서 참값을 뺀 값, 즉 (오차)=(근삿값)−(참값).

예 실제의 길이가 18cm인 연필을 자로 재었더니 18.3cm였다.

(오차)$=18.3-18=0.3(\mathrm{cm})$

참고 오차는 양수일 수도 있고 음수일 수도 있는데, 오차의 절댓값이 작을수록 근삿값은 참값에 가까운 값이다.

**오차의
한계**

오차의 절댓값이 어떤 값 이하라고 할 때, 그 값을 근삿값에
대한 오차의 한계라 한다.

♦ 오차의 한계 구하기
  (1) 어떤 근삿값이 반올림에 의해 얻어졌을 경우

  (오차의 한계) = (근삿값의 맨 끝자리 단위값) $\times \dfrac{1}{2}$

  (2) 측정 계기에 의해 얻어졌을 경우

  (오차의 한계) = (측정 계기의 최소 눈금 단위값) $\times \dfrac{1}{2}$

**올림**

구하고자 하는 자리 수 아래의 자리에 0이 아닌 숫자가 있으
면 무조건 올리는 방법.

예 701을 올림하여 백의 자리까지 구하면 800이 된다.

**완전제곱식**

$(a+b)^2$, $(a-b)^2$, $2(x+1)^2$과 같이 다항식의 제곱으로 된
식 또는 여기에 상수를 곱한 식.

**외심**

삼각형의 세 변의 수직이등분선의 교점.

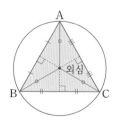

**외접**

다각형의 모든 꼭짓점이 한 원 위에 있을 때, 그 원은 다각형에 외접한다고 한다.

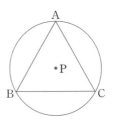

**외접원**

원이 다각형에 외접할 때, 이 원을 그 다각형의 외접원이라고 한다.

**예** 삼각형의 외접원

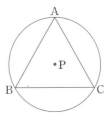

**외항**

비례식에서 바깥쪽에 있는 두 항.

**예** $3:10=9:30$

  └─────┘
    외항

**참고** 비례식에서 외항의 곱과 내항의 곱은 같다.

↻ 외항의 곱 : 비례식에서 바깥쪽에 있는 두 항의 곱
  내항의 곱 : 비례식에서 안쪽에 있는 두 항의 곱

**예**
$$10 \times 9$$

$$3:10=9:30$$

  $3 \times 30$

외항의 곱 : $3 \times 30 = 90$
내항의 곱 : $10 \times 9 = 90$

$3 \times 30 = 10 \times 9$

**원**

평면 위의 한 점(O)에서 일정한 거리에 있는 모든 점들의 집합.

- 한 점(O)을 원의 중심, 중심과 이 원 위에 있는 임의의 한 점을 이은 선분을 반지름이라고 한다.

**원그래프**

전체에 대한 각 부분의 비율을 원에 나타낸 그래프.

예 후보자별 득표 수

**원기둥**

위와 아래에 있는 면이 서로 평행이고 합동인 원으로 되어 있는 입체도형.

- 원기둥의 각 부분
  (1) 밑면 : 원기둥의 위와 아래에 있는 면
  (2) 옆면 : 옆으로 둘러싸인 곡면
  (3) 높이 : 원기둥에서 두 밑면에 수직인 선분의 길이

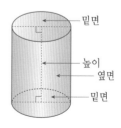

**원기둥의 겉넓이**

(원기둥의 겉넓이)＝(밑면의 넓이)×2＋(옆면의 넓이)

예 원기둥의 겉넓이를 구하여라.
(밑면의 넓이)
＝2×2×3.14＝12.56(cm²)
(옆면의 넓이)
＝4×3.14×5＝62.8(cm²)
(원기둥의 겉넓이)
＝(밑면의 넓이)×2＋(옆면의 넓이)
＝12.56×2＋62.8
＝87.92(cm²)

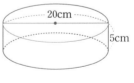

참고 밑면의 반지름의 길이를 $r$, 높이를 $h$라 하면 겉넓이 $S$는
$S=2\pi r^2+2\pi rh$

**원기둥의 부피**

(원기둥의 부피)＝(원기둥의 밑면의 넓이)×(높이)
＝(반지름)×(반지름)×3.14×(높이)

예 원기둥의 부피를 구하여라.
(원기둥의 부피)
＝(원기둥의 밑면의 넓이)
　×(높이)
＝(반지름)×(반지름)×3.14×(높이)
＝10×10×3.14×5
＝1570(cm³)

참고 반지름의 길이가 $r$이고, 높이가 $h$인 원기둥의 밑넓이를 $S$라 하면
부피 $V$는
$V=Sh=\pi r^2h$

| 원기둥의<br>전개도 | 원기둥을 펼쳐 놓은 그림. |
| --- | --- |

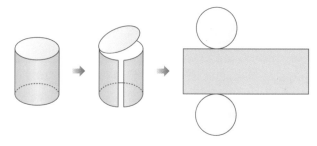

| 원뿔 | 밑면이 원이고 옆면이 곡면인 뿔 모양의 입체도형. |
| --- | --- |

○ 원뿔의 각 부분
  (1) 원뿔의 꼭짓점 :
    원뿔의 뾰족한
    점
  (2) 모선 : 원뿔의 꼭
    짓점과 밑면인 원의 둘레의 한 점을 이은 선분
  (3) 높이 : 원뿔의 꼭짓점에서 밑면에 수직으로 그은 선분
    의 길이

원뿔의 꼭짓점
높이
옆면
모선
밑면

| 원뿔대 | 원뿔을 밑면에 평행한 평면으로 잘라서 생기는 두 입체도형<br>중에서 원뿔이 아닌 부분. |
| --- | --- |

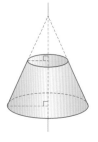

## 원뿔의 겉넓이

모선의 길이가 $l$, 밑면의 원의 반지름의 길이가 $r$인 원뿔의 겉넓이 $S$는

$S=(밑넓이)+(옆넓이)=\pi r^2+\pi r l$

**예**

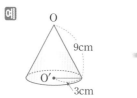 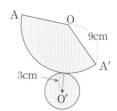

$S=(\pi \times 3^2)+(\pi \times 3 \times 9)=36\pi(\mathrm{cm}^2)$

## 원뿔의 높이

밑면인 원의 반지름의 길이가 $r$, 모선의 길이가 $l$인 원뿔의 높이 $h$는

$h=\sqrt{l^2-r^2}$

**예** 모선의 길이가 15cm이고, 밑면의 반지름의 길이가 6cm인 원뿔의 높이 $h$를 구하여라.

$h=\sqrt{15^2-6^2}=3\sqrt{21}(\mathrm{cm})$

## 원뿔의 부피

밑면인 원의 반지름의 길이가 $r$, 원뿔의 높이를 $h$, 원기둥의 밑넓이를 $S$, 부피를 $V$라 하면

$V=\dfrac{1}{3}Sh=\dfrac{1}{3}\pi r^2 h$

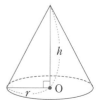

**예** 밑면의 반지름의 길이가 6cm, 높이가 10cm인 원뿔의 부피 $V$를 구하여라.

$V=\dfrac{1}{3} \times \pi \times 6^2 \times 10=120\pi(\mathrm{cm}^3)$

**원뿔의 전개도** 원뿔을 펼쳐 놓은 그림.

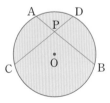

**원소** 집합을 이루는 대상 하나하나.

**원소나열법** 어떤 집합을 나타낼 때, 그 집합에 속하는 모든 원소를 { } 안에 나열하여 집합을 나타내는 방법.

> **예** {1, 3, 5, 7, 9}

> **참고** 원소의 수가 많은 집합에서는 모든 원소를 { } 안에 일일이 나열하는 것이 불편할 때도 있다. 이럴 때는 원소의 일부를 생략하고 …을 사용하여 나타낸다.
> $A = \{x \mid x$는 홀수$\} = \{1,\ 3,\ 5,\ 7,\ 9,\ \cdots\}$

**원에서의 비례 관계** 한 원의 두 현 AB, CD 또는 이들의 연장선이 만나는 점을 P라고 할 때, $\overline{PA} \cdot \overline{PB} = \overline{PC} \cdot \overline{PD}$

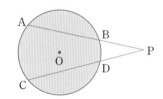

> **예** 다음 그림에서 $x$의 값을 구하여라.
> $4 \times 3 = x \times 6$
> $x = 2$

**원의 넓이**

(원의 넓이)＝(반지름)×(반지름)×(원주율)
　　　　　＝(반지름)×(반지름)×3.14

예 (원의 넓이)＝3×3×3.14
　　　　　　＝28.26(cm²)

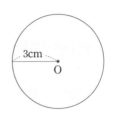

참고 반지름의 길이가 $r$인 원의 원주 $l$, 넓이 $S$는
$l=2\pi r$, $S=\pi r^2$

**원주**

원의 둘레의 길이.
(원주)＝(지름)×(원주율)＝(지름)×3.14
　　　　＝(반지름)×2×3.14

예 (원주)＝9×3.14
　　　　　＝28.26(cm)

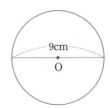

## 원주각

원 위의 한 점 P에서 그은 두 현 PA, PB에 의하여 이루어지는 ∠APB를 $\widehat{AB}$에 대한 원주각이라 한다.

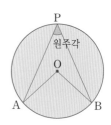

○ 원주각과 중심각의 크기
한 호에 대한 원주각의 크기는 일정하고, 그 호에 대한 중심각의 크기의 $\dfrac{1}{2}$이다.

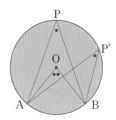

## 원주율

원의 지름의 길이에 대한 원의 둘레의 길이(원주)의 비의 값.

## 유리수

분모(0이 아님), 분자가 정수인 분수로 나타낼 수 있는 수. 이때, 양의 부호를 붙인 수를 양수, 음의 부호를 붙인 수를 음수라고 한다.

예

$$
\text{유리수}
\begin{cases}
\text{정수}
\begin{cases}
\text{양의 정수(자연수)}: 1, 2, 3, \cdots \\
\text{영}(0) \\
\text{음의 정수}: -1, -2, -3, \cdots
\end{cases} \\
\text{정수가 아닌 유리수}: -\dfrac{1}{3}, \dfrac{1}{2}, 0.01, 2.1, \cdots
\end{cases}
$$

## 유한소수

소수점 아래의 0이 아닌 숫자가 유한개인 소수.

예 $0.2, 0.75, \cdots$

참고 주어진 분수를 기약분수로 고쳐서 분모의 소인수가 2나 5뿐이면 유한소수로 나타낼 수 있다.

**유한집합**　원소의 개수가 유한개인 집합.

> 예 $A = \{x \mid x$는 10 미만인 2의 배수$\} = \{2, 4, 6, 8\}$
> $n(A) = 4$

**유효숫자**　근삿값에서 반올림하지 않은 부분의 숫자나 측정하여 얻은 믿을 수 있는 숫자.

> 예 10g마다 눈금이 새겨진 저울로 어떤 물건의 무게를 쟀더니 570g이었다. 측정값 570g에서 참값의 범위를 짐작하게 하는 숫자는 5와 7이다. 그러므로 5와 7은 유효숫자이다.

> ↪ 유효숫자의 판별
> 어떤 주어진 근삿값에서 0이 아닌 숫자는 모두 유효숫자이다. 또한 0이 유효숫자인지 아닌지를 판별하는 데는 다음과 같은 규칙이 있다.
> (1) 1보다 작은 소수에서 최초로 0이 아닌 숫자가 나타날 때까지의 모든 0은 유효숫자가 아니다.
> 　예 0.01, 0.8, 0.0010200
> (2) 자연수에서 일의 자리로부터 최초로 0이 아닌 숫자가 나타날 때까지의 모든 0은 유효숫자인지 판단할 수 없다.
> 　예 50, 2900, 309200
> (3) (1), (2)의 경우가 아닌 모든 0은 유효숫자이다.
> 　예 0.01002, 30.000, 0.0030200, 1020

**이등변삼각형**    두 변의 길이가 같은 삼각형.

       이등변삼각형의 성질
       (1) 이등변삼각형의 두 변의 길이는 같다. (정의)
       (2) 이등변삼각형의 두 밑각의 크기는 같다.
       (3) 이등변삼각형의 꼭지각의 이등분선은 밑변을 수직이
            등분한다.

**이상**    '같거나 큰 수'로 경곗값을 포함한다.

      예   5 이상인 자연수 : 5, 6, 7, 8, …

**이진법**    어떤 수를 0, 1의 2개의 숫자를 써서 나타내고, 자리가 하나씩
올라감에 따라 자릿값이 2배씩 커지게 정하여 수를 나타내는
방법. 이진법으로 나타낸 수 101은 $101_{(2)}$로 쓰고, '이진법으
로 나타낸 수 일영일'이라고 읽는다.

     참고   이진법의 전개식
       : 이진법으로 나타낸 수를 2의 거듭제곱을 써서 나타낸 식
       예 $1101_{(2)} = 1 \times 2^3 + 1 \times 2^2 + 0 \times 2 + 1 \times 1$

**이차방정식**    미지수 $x$에 관한 방정식의 모든 항을 좌변으로 이항하여 정리
하였을 때,

$$(x\text{에 관한 이차식}) = 0$$

의 꼴로 변형되어지는 방정식을 $x$에 관한 이차방정식이라고
한다.

      예   $2x^2 - 7x + 12 = x^2 \;\rightarrow\; x^2 - 7x + 12 = 0$

     참고   일반적으로, 미지수 $x$에 관한 이차방정식은
       $ax^2 + bx + c = 0 \; (a, b, c\text{는 상수}, a \neq 0)$
       과 같은 꼴로 나타낼 수 있다.

**이차방정식의
근의 공식**

이차방정식 $ax^2+bx+c=0\ (a\neq0)$의 근은

$$x=\frac{-b\pm\sqrt{b^2-4ac}}{2a}\ (단,\ b^2-4ac\geq0)$$

참고 일차항의 계수가 짝수인,
즉 $b=2b'$인 이차방정식 $ax^2+2b'x+c=0\ (a\neq0)$의 근은
$$x=\frac{-b'\pm\sqrt{b'^2-ac}}{a}\ (단,\ b'^2-ac\geq0)로\ 나타낼\ 수\ 있다.$$

**이차식**

차수가 2인 다항식.

예 $5x^2+2x+5$

**이차함수**

정의역과 공역이 실수 전체의 집합인 함수 $y=f(x)$가
$$f(x)=ax^2+bx+c\ (a\neq0,\ a,\ b,\ c는\ 상수)$$
와 같이 $x$에 관한 이차식으로 나타내어질 때, 함수 $f$를 $x$에
대한 이차함수라고 한다.

**이하**

'같거나 작은 수'로 경곗값을 포함한다.

예 5 이하인 자연수 : 1, 2, 3, 4, 5

**이항**

등식의 어느 한 변에 있는 항을 그 부호를 바꾸어 다른 변으로
옮기는 것.

예 $2x+1=2\ \rightarrow\ 2x=2-1\ \rightarrow\ 2x=1$

**인수**

자연수 $a$, $b$, $c$에 대하여 $a=b\times c$로 나타내어질 때, $a$의 약수 $b$와 $c$를 $a$의 인수라고 한다.

> [예] $12=1\times12$, $2\times6$, $3\times4$
> 인수 : 1, 2, 3, 4, 6, 12

**인수분해**

하나의 다항식을 2개 이상의 인수의 곱으로 나타내는 것.

> [예] $\underset{\text{전개}}{\overset{\text{인수분해}}{x^2+4x+3=(x+1)(x+3)}}$

**인수분해 공식**

인수분해 공식 (1)
$$a^2+2ab+b^2=(a+b)^2$$
$$a^2-2ab+b^2=(a-b)^2$$
인수분해 공식 (2)
$$a^2-b^2=(a+b)(a-b)$$
인수분해 공식 (3)
$$x^2+(a+b)x+ab=(x+a)(x+b)$$
인수분해 공식 (4)
$$acx^2+(ad+bc)x+bd=(ax+b)(cx+d)$$

**일차방정식**

미지수 $x$에 관한 방정식의 모든 항을 좌변으로 이항하여 정리하였을 때,

$$(x에 관한 일차식)=0$$

의 꼴로 변형되어지는 방정식을 $x$에 관한 일차방정식이라고 한다.

> [예] $2x+1=2$ → $2x-1=0$

**일차부등식**

한 부등식의 우변에 있는 모든 항을 좌변으로 이항하여 정리하였을 때,
($x$에 관한 일차식)$<0$, ($x$에 관한 일차식)$>0$,
($x$에 관한 일차식)$\leqq0$, ($x$에 관한 일차식)$\geqq0$
과 같은 형태로 나타낼 수 있는 부등식을 $x$에 관한 일차부등식이라고 한다.

예 $2x-1<0$, $3x+1>4$

**일차식**

차수가 1인 다항식.

예 $9x-6$

**일차함수**

정의역과 공역이 실수 전체의 집합인 함수 $y=f(x)$가
$$f(x)=ax+b \ (a\neq0,\ a,\ b는\ 상수)$$
와 같이 $x$에 관한 일차식으로 나타내어질 때, 함수 $f$를 $x$에 관한 일차함수라 한다.

**입체도형**

평면이나 곡면으로 둘러싸인 도형.

**자연수**

1, 2, 5, 9, 14, 376과 같은 수.

**작도**

눈금이 없는 자와 컴퍼스만을 이용하여 도형을 그리는 것.

**전개**

다항식과 다항식의 곱을 하나의 다항식으로 나타내는 것.

● 다항식의 곱을 전개하여 얻은 식을 전개식이라고 한다. 다항식과 다항식의 곱셈을 전개할 때, 동류항이 있으면 동류항끼리 모아서 간단히 정리한 다음, 어떤 문자에 대하여 차수가 낮아지는 차례로 정리하면 간편하다.

예 $(x+y)(2x-y)=2x^2-xy+2xy-y^2$
$$=2x^2+xy-y^2$$

**전개도**

입체도형을 펼쳐서 접혔던 부분을 점선으로 나타내어 평면에 그린 그림.

**전체집합**

주어진 집합에 대하여 그의 부분집합만을 생각할 때, 처음에 주어진 집합을 전체집합이라고 하고, 대체로 기호 $U$를 사용하여 나타낸다.

예 $U=\{1, 2, 3, \cdots, 10\}$,
$A=\{2, 4, 6, 8\}$

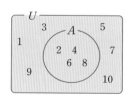

참고 집합 $A$는 집합 $U$의 부분집합이다. 이 때, 집합 $U$를 전체집합이라고 한다.

**전항**

비에서 앞에 있는 항.

> **예** 2:3에서 2

**절댓값**

수직선 위에서 어떤 수를 나타내는 점과 원점 사이의 거리.

> **예** −3의 절댓값 : 3, 3의 절댓값 : 3

**점과 직선
사이의 거리**

직선 *l* 위에 있지 않은 점 P에서
직선 *l*에 그은 수선의 발을 H라고
할 때, 이 선분 PH의 길이를 점 P
와 직선 *l* 사이의 거리라고 한다.

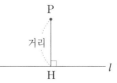

**점대칭도형**

한 점을 중심으로 180° 돌렸을 때, 처음 도형과
완전히 겹쳐지는 도형을 점대칭도형이라 하고,
그 점을 대칭의 중심이라고 한다.

○ 점대칭도형에서 대응점을 이은 선분은 대칭
  의 중심에 의하여 이등분되고, 대칭의 중심에 의하여 이등
  분되는 선분의 양 끝점은 서로 대응점이다.

**점대칭의 위치
에 있는 도형**

한 점을 중심으로 $180°$ 돌렸을 때, 완전히 겹쳐지는 두 도형
을 점대칭의 위치에 있다고 하고, 두 도형을 점대칭의 위치에
있는 도형이라고 한다. 이 때, 그 점은 대칭의 중심이라고 한다.

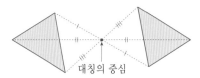

대칭의 중심

● 점대칭의 위치에 있는 도형에서 대응점을 이은 선분은 대
　칭의 중심에 의하여 이등분된다.

**접선**

직선이 원과 한 점에서 만날 때, 이 직선은 원에 접한다고 하
고, 이 직선을 접선이라 한다.

**예**

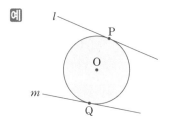

접선 : 직선 $l$, $m$

**접선의 길이**

원 O의 외부에 있는 한 점 P에서 이 원에 그을 수 있는 접선
은 아래 그림과 같이 2개이다. 이 두 접점을 각각 A, B라 할
때, 선분 PA, PB의 길이를 점 P에서 원 O에 그은 접선의
길이라고 한다.

● 원의 외부에 있는 한 점에
　서 그 원에 그은 두 접선
　의 길이는 같다.
　(즉, $\overline{PA} = \overline{PB}$)

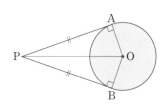

**접선이 되는 조건**

점 P를 한 끝점으로 하는 반직선 위에 두 점 A, B가 있고, 이 반직선 밖에 점 T가 있어서 $\overline{PA} \cdot \overline{PB} = \overline{PT}^2$이면 $\overline{PT}$는 세 점 A, B, T를 지나는 원의 접선이다.

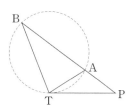

**접점**

접선이 원과 만나는 점.

예

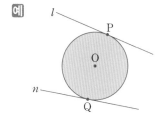

접점 : 점 P, Q

**정다각형**

변의 길이가 모두 같고 각의 크기가 모두 같은 다각형. 정다각형은 변의 수에 따라 정삼각형, 정사각형, 정오각형, 정육각형, …으로 부른다.

참고 정다각형의 한 내각과 외각의 크기

(1) 정 $n$각형의 한 내각의 크기는 $\dfrac{(n-2) \times 180°}{n}$이다.

(2) 정 $n$각형의 한 외각의 크기는 $\dfrac{360°}{n}$이다.

예 정오각형의 한 내각의 크기 : $\dfrac{(5-2) \times 180°}{5} = 108°$

정팔각형의 한 내각의 크기 : $\dfrac{(8-2) \times 180°}{8} = 135°$

**정다면체**

각 면이 모두 합동인 정다각형이고, 각 꼭짓점에 모이는 면의 개수가 같은 다면체.

정다면체는 정사면체, 정육면체, 정팔면체, 정십이면체, 정이십면체의 다섯 종류만 있음이 알려져 있다.

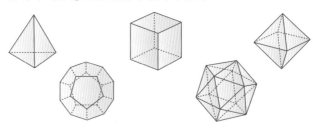

**정리**

증명된 명제 중에서 기본이 되는 것.

**정비례**

변하는 두 양 $x$, $y$가 있을 때, 한 쪽의 양 $x$가 2배, 3배, 4배, …가 될 때, 다른 쪽의 양 $y$도 2배, 3배, 4배, …가 되는 관계가 있으면 $y$는 $x$에 정비례한다고 한다.

> 예 한 개의 무게가 50g인 귤이 있다. 저울에 올려 놓은 귤의 수 $x$개와 그 무게 $y$g 사이의 관계를 알아보자.
>
> | $x$(개) | 1 | 2 | 3 | 4 | 5 | ⋯ |
> |---|---|---|---|---|---|---|
> | $y$(g) | 50 | 100 | 150 | 200 | 250 | ⋯ |
>
> $x$가 2배, 3배, 4배, …가 될 때, $y$도 2배, 3배, 4배, …가 되는 관계가 있으므로 귤의 무게는 귤의 수에 관하여 정비례한다.

> 참고 비례하는 두 양 $x$와 $y$의 관계식 $y=ax$ $(a \neq 0)$를 정비례 관계식이라 하고, 이 때 상수 $a$를 비례상수라 한다.
> 예 $y=4x$ : 비례상수 4

**정사각형**  네 각이 모두 직각이고, 네 변의 길이가 모두 같은 사각형.

● 정사각형의 성질
(1) 마주 보는 두 쌍의 변이 평행이다.
(2) 네 각이 모두 직각이다.
(3) 네 변의 길이는 모두 같다.
(4) 정사각형의 두 대각선은 길이가 서로 같고, 서로 다른
    것을 수직이등분한다.

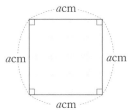

(정사각형의 둘레)＝(한 변의 길이)×4
(정사각형의 넓이)＝(한 변의 길이)×(한 변의 길이)

**정사면체의 높이**  한 모서리의 길이가 $a$인 정사면체에서 높이 $h$는

$$h = \frac{\sqrt{6}}{3}a$$

예 한 모서리의 길이가 6cm인 정사면체의 높이 $h$

$$h = \frac{\sqrt{6}}{3} \times 6 = 2\sqrt{6}(\text{cm})$$

**정사면체의 부피**  한 모서리의 길이가 $a$인 정사면체에서 부피 $V$는

$$V = \frac{\sqrt{2}}{12}a^3$$

예 한 모서리의 길이가 6cm인 정사면체의 부피 $V$

$$V = \frac{\sqrt{2}}{12} \times 6^3 = 18\sqrt{2}(\text{cm}^3)$$

ㅈ

**정삼각형**

세 변의 길이가 같은 삼각형.

참고 정삼각형은 세 변의 길이와 세 각의 크기가 각각 같다.

**정삼각형의 넓이**

한 변의 길이가 $a$인 정삼각형에서 넓이 $S$는

$$S = \frac{\sqrt{3}}{4}a^2$$

예 한 변의 길이가 12 cm인 정삼각형의 넓이 $S$

$$S = \frac{\sqrt{3}}{4} \times 12^2 = 36\sqrt{3}\,(\text{cm}^2)$$

**정삼각형의 높이**

한 변의 길이가 $a$인 정삼각형에서 높이 $h$는

$$h = \frac{\sqrt{3}}{2}a$$

예 한 변의 길이가 12 cm인 정삼각형의 높이 $h$

$$h = \frac{\sqrt{3}}{2} \times 12 = 6\sqrt{3}\,(\text{cm})$$

**정수**

$+1,\ +2,\ +3,\ \cdots$ 과 같이 자연수에 $+$부호가 붙은 수를 양의 정수라 하고, $-1,\ -2,\ -3,\ \cdots$ 과 같이 자연수에 $-$부호가 붙은 수를 음의 정수라 한다. 음의 정수, 0, 양의 정수를 통틀어 정수라 한다.

**정육면체**     크기가 같은 정사각형 6개로 둘러싸인 입체도형.

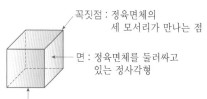

꼭짓점 : 정육면체의
세 모서리가 만나는 점

면 : 정육면체를 둘러싸고
있는 정사각형

모서리 : 정육면체의 면과 면이 만나는 선분

🌀 정육면체의 성질

(1) 면은 6개, 꼭짓점은 8개, 모서리는 12개이다.

(2) 정육면체의 면의 모양은 정사각형이다.

(3) 정육면체의 면의 크기와 모서리의 길이는 모두 같다.

(4) 정육면체는 직육면체라고 말할 수 있으나, 직육면체는 정육면체라고 말할 수 없다.

> **참고** (정육면체의 겉넓이) = (정육면체의 여섯 면의 넓이의 합)
> = (한 면의 넓이) × 6

---

**정의**     용어의 뜻을 명확하게 정한 문장 또는 식.

> **예** 정삼각형의 정의 : 세 변의 길이가 모두 같은 삼각형

---

**정의역**     함수 $y = f(x)$에서 변수 $x$가 속해 있는 수 전체의 집합.

**제곱근**

음이 아닌 수 $a$에 대하여 제곱하여 $a$가 되는 수를 $a$의 제곱근이라고 한다. 모든 양수의 제곱근은 양수인 것과 음수인 것 두 가지가 있다. 이 때, 양수인 것을 양의 제곱근, 음수인 것을 음의 제곱근이라고 한다. 이와 같이 양수 $a$의 제곱근은 $\sqrt{a}$와 $-\sqrt{a}$이므로 이들을 각각 제곱하면 $a$가 된다. 즉, $(\sqrt{a})^2=a$, $(-\sqrt{a})^2=a$이다.

> 예 $2^2=4$, $(-2)^2=4$이므로 4의 제곱근은 2와 $-2$이다. 이 때, 2는 4의 양의 제곱근, $-2$는 4의 음의 제곱근이다.

$$2 \quad \xrightarrow{\text{제곱}} \quad 4$$
$$-2 \quad \xleftarrow[\text{제곱근}]{}$$

● 제곱근의 성질

$a>0$일 때, $\sqrt{a^2}=a$, $\sqrt{(-a)^2}=a$

$a>0, b>0$일 때, $\sqrt{a}\sqrt{b}=\sqrt{ab}$, $\sqrt{a^2b}=a\sqrt{b}$, $\dfrac{\sqrt{a}}{\sqrt{b}}=\sqrt{\dfrac{a}{b}}$

> 예 $\sqrt{2^2}=2$, $\sqrt{(-2)^2}=2$
> $\sqrt{5}\sqrt{7}=\sqrt{5\times7}=\sqrt{35}$, $\sqrt{12}=\sqrt{4\times3}=\sqrt{4}\sqrt{3}=2\sqrt{3}$
> $\dfrac{\sqrt{21}}{\sqrt{7}}=\sqrt{\dfrac{21}{7}}=\sqrt{3}$

● 제곱근의 대소 비교

$a>0, b>0$일 때,

(1) $a<b$이면 $\sqrt{a}<\sqrt{b}$

(2) $\sqrt{a}<\sqrt{b}$이면 $a<b$

> 예 $8<15$이므로 $\sqrt{8}<\sqrt{15}$

● 유리수와 무리수의 대소를 비교할 때에는 우선 유리수를 근호가 있는 수로 바꾼 다음 대소를 비교한다.

> 예 $5=\sqrt{25}$이므로 $\sqrt{25}<\sqrt{26}$
> 따라서, $5<\sqrt{26}$

**제곱미터(m²)**  한 변의 길이가 1m인 정사각형의 넓이를 $1\text{m}^2$라고 쓰고,
일 제곱미터라고 읽는다.

$1\text{m}^2 = 10000\text{cm}^2$

**제곱센티미터
(cm²)**  한 변의 길이가 1cm인 정사각형의 넓이를 $1\text{cm}^2$라고 쓰고,
일 제곱센티미터라고 읽는다.

**제곱수**  $1^2 = 1$, $2^2 = 4$, $3^2 = 9$, …와 같이 어떤 수의 제곱이 되는 수.

**제곱킬로미터
(km²)**  한 변의 길이가 1km인 정사각형의 넓이를 $1\text{km}^2$라고 쓰고,
일 제곱킬로미터라고 읽는다.

$1\text{km}^2 = 1000000\text{m}^2$

**조건제시법**  집합의 원소들이 가지는 공통의 조건을 제시하여 집합을 나타
내는 방법.

예 $\{1, 3, 5, 7, 9\} = \{x \mid x$는 10보다 작은 홀수$\}$

**좌표**

(1) 점 P는 원점으로부터 오른쪽으로 4칸, 위쪽으로 6칸 이동한 위치에 있다. 점 P의 위치를 순서쌍을 써서 다음과 같이 나타낸다.

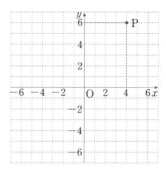

$$P(\underset{\uparrow}{4}\ ,\ \underset{\uparrow}{6})$$
$x$좌표　$y$좌표

이 때, 점 $P(4, 6)$을 평면에서의 점 P의 좌표라고 한다.

(2) 수직선 위의 한 점이 나타내는 수.
$a$가 점 P의 좌표일 때 기호로 $P(a)$와 같이 나타낸다.

예

**좌표축**

2개의 수직선이 서로 수직으로 만나서 하나의 평면을 이루고 있을 때 가로로 놓인 수직선을 $x$축, 세로로 놓인 수직선을 $y$축이라고 하고, 이들을 통틀어 좌표축이라고 한다. 그리고, 두 좌표축이 만나는 점 O를 원점이라고 한다.

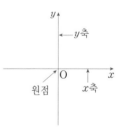

**좌표평면**

좌표축을 이용하여 모든 점의 위치를 좌표로 나타낼 수 있는 평면.

## 줄기와 잎 그림

민수네 친척들의 나이 (단위 : 세)

| 줄기 | 잎 | | | |
|------|----|----|----|----|
| 1 | 4 | 5 | 6 | 8 |
| 2 | 1 | 3 | 2 | |
| 3 | 7 | 2 | 1 | |
| 4 | 0 | 3 | 4 | 7 |

이와 같이 나타낸 그림을 줄기와 잎 그림이라고 한다. 이 때, 세로선의 왼쪽에 있는 수를 줄기, 오른쪽에 있는 수를 잎이라고 한다.

## 중근

이차방정식의 두 근이 중복되었을 때, 이 근을 주어진 방정식의 중근이라고 한다.

> 예 $(x-5)(x-5)=0$의 해를 구하여라.
> 주어진 방정식의 해를 구하면
> $x-5=0$ 또는 $x-5=0$이다.
> 즉, $x=5$ 또는 $x=5$
> 따라서, 해는 $x=5$(중근)

## 중선

삼각형에서 꼭짓점과 그 대변의 중점을 이은 선분.

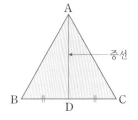

| 중심각 | 두 반지름이 만나서 이루는 각. |
|---|---|

 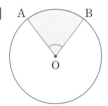

두 반지름 OA, OB가 이루는 ∠AOB를 $\overset{\frown}{AB}$에 대한 중심각이라 한다.

🌀 원의 중심각과 호의 관계
(1) 한 원에서 같은 크기의 중심각에 대한 호의 길이는 같다.
(2) 한 원에서 호의 길이는 그 호에 대한 중심각의 크기에 정비례한다.
(3) 한 원에서 부채꼴의 넓이는 부채꼴의 중심각의 크기에 정비례한다.

| 중점 | 선분을 이등분하는 점. |
|---|---|

(점 M이 선분 AB를 이등분할 때, 즉 $\overline{AM}=\overline{BM}$)

| 증명 | 옳은 사실 또는 성질들을 근거로 하여 이론적으로 어떤 명제가 참임을 밝히는 것. |
|---|---|

가정

증
명 ↓ ←   명제의 가정과 관련된
            기본 정의, 성질, 정리

결론

**지름**

원의 중심을 지나 원 위의 두 점을 이은 선분.

원의 지름

---

**지수**

거듭제곱에서 같은 수를 곱한 횟수.

> 예 $2 \times 2 \times 2 = 2^{3} \leftarrow$ 지수

---

**지수법칙**

🔹 지수법칙 (1)

$m$, $n$이 자연수일 때, $a^{m} \times a^{n} = a^{m+n}$

> 예 $y^{3} \times y^{3} = y^{3+3} = y^{6}$

🔹 지수법칙 (2)

$m$, $n$이 자연수일 때, $(a^{m})^{n} = a^{mn}$

> 예 $(y^{2})^{3} = y^{2 \times 3} = y^{6}$

🔹 지수법칙 (3)

$a \neq 0$, $m$, $n$이 자연수일 때,

① $m > n$, $a^{m} \div a^{n} = a^{m-n}$

② $m = n$, $a^{m} \div a^{n} = 1$

③ $m < n$, $a^{m} \div a^{n} = \dfrac{1}{a^{n-m}}$

> 예 $b^{7} \div b^{4} = b^{7-4} = b^{3}$
>
> $b^{5} \div b^{5} = 1$
>
> $b^{2} \div b^{5} = \dfrac{1}{b^{5-2}} = \dfrac{1}{b^{3}}$

🔹 지수법칙 (4)

$m$이 자연수일 때,

$(ab)^{m} = a^{m}b^{m}$, $\left(\dfrac{a}{b}\right)^{m} = \dfrac{a^{m}}{b^{m}}$ $(b \neq 0)$

> 예 $(ab)^{4} = a^{4}b^{4}$, $\left(\dfrac{a}{b}\right)^{8} = \dfrac{a^{8}}{b^{8}}$

ㅈ

**직각**

각의 크기가 90°인 각.

직각

**직각삼각형**

한 각이 직각인 삼각형.

**직각삼각형의**
**합동조건**

(1) 빗변의 길이와 한 예각의 크기가 각각 같을 때. (RHA 합동)

 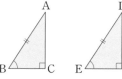

(2) 빗변의 길이와 다른 한 변의 길이가 각각 같을 때.
    (RHS 합동)

 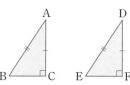

**직교**

두 직선 AB와 CD가 수직일 때, 두 직
선은 직교한다고 하고, 기호로
$\overleftrightarrow{AB} \perp \overleftrightarrow{CD}$와 같이 나타낸다.

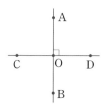

ㅈ

**직사각형**

네 각이 모두 직각인 사각형.

🔵 직사각형의 성질

(1) 직사각형은 네 각의 크기가 모두 $90°$이다. (정의)

(2) 직사각형은 평행사변형의 모든 성질을 갖는다.

(3) 직사각형의 두 대각선의 길이는 서로 같고, 서로 다른 것을 이등분한다.

> **참고** (직사각형의 넓이) = (가로) × (세로)
> (직사각형의 둘레) = {(가로) + (세로)} ×2

**직선**

선분을 양쪽으로 끝없이 늘인 곧은 선.

점 ㄱ, ㄴ을 지나는 직선을 직선 ㄱㄴ 또는 직선 ㄴㄱ이라고 한다.

ㄱ        ㄴ

**직선의 방정식**

일차방정식 $ax+by+c=0$의 그래프가 직선으로 나타내어질 때, 그 일차방정식을 직선의 방정식이라고 한다.

> **예** $2x+y+1=0, 2x-y-3=0$

**직육면체**

직사각형 6개로 둘러싸인 입체도형.

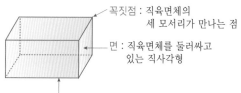

꼭짓점 : 직육면체의
세 모서리가 만나는 점

면 : 직육면체를 둘러싸고
있는 직사각형

모서리 : 직육면체의 면과 면이 만나는 선분

(직육면체의) 밑면 : 평행인 두 면.

(직육면체의) 옆면 : 밑면과 수직인 면.

◉ 직육면체의 성질

(1) 면은 6개, 꼭짓점은 8개, 모서리는 12개이다.

(2) 직육면체의 면의 모양은 직사각형이다.

(3) 직육면체에서 마주 보는 면의 모양과 크기는 같다.

**직육면체의 겉넓이**

(직육면체의 겉넓이)=(옆넓이)+(밑넓이)×2

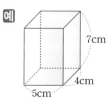

예

밑넓이 : $5 \times 4 = 20 \, (\mathrm{cm}^2)$

옆넓이 : $(5+4+5+4) \times 7$
$= 126 \, (\mathrm{cm}^2)$

겉넓이 : $126 + 20 \times 2$
$= 166 \, (\mathrm{cm}^2)$

**직육면체의 부피**

(직육면체의 부피)=(밑면의 가로)×(밑면의 세로)×(높이)

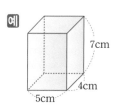

예

부피 : $5 \times 4 \times 7 = 140 \, (\mathrm{cm}^3)$

**진분수**

분자가 분모보다 작은 분수.

예 $\dfrac{1}{3}$, $\dfrac{3}{5}$

**집합**

어떤 주어진 조건에 의하여 그 대상을 분명히 알 수 있는 것들의 모임.

예 10보다 작은 자연수의 모임

**짝수**

어떤 수를 2로 나눈 나머지가 0인 수. (2의 배수)

예 2, 4, 6, 8, …

## 불굴의 수학자 오일러

신체의 장애는 인간의 의지를 꺾을 수 없다는 사실을 증명한 불굴의 수학자가 있다. 바로 '수학계의 베토벤'이라 불리는 18세기 최고의 수학자 오일러(Leonhard Euler, 1707~1783)이다. 천재적인 기억력과 암기력을 가졌던 그는 수학에 대한 열정 또한 대단해서, 그가 얼마나 많은 연구를 하였는지 출판사가 그의 유고를 모두 내는 데에만도 43년의 시간이 걸렸다고 한다.

하지만 그에게는 큰 시련이 있었다. 연구 중에 얻은 병으로 시력을 잃게 된 것이다. 사람들은 그가 수학자로서 끝난 것이라 말했지만, 그는 오히려 그가 말하는 것을 조수가 대신 적는 방법으로 그 전보다 더 많은 논문을 써냈다. 그는 실명 후에도 12년 동안 연구를 계속하였다.

그가 역사상 가장 뛰어난 수학자 중 하나로 남게 된 이유는 그가 가진 천부적인 수학적 재능 때문이 아니라 신체의 장애도 거뜬히 이겨 낼 수 있었던 수학에 대한 열정 때문이 아닐까?

## 차수

항에 포함되어 있는 어떤 문자의 곱해진 개수를 그 문자에 대한 항의 차수라 한다.
다항식에서 차수가 가장 큰 항의 차수를 그 다항식의 차수라 하며, 특히 차수가 1인 다항식을 일차식이라 한다.

> 예 $5x^2 - x + 7 : x$에 대한 차수는 2
> $3x + 1 : x$에 대한 차수는 1(일차식)

## 차집합

두 집합 $A$, $B$에 대하여 $A$의 원소 중에서 $B$에 속하지 않는 원소로 이루어진 집합, 즉 $A$의 원소 중에서 $B$의 원소를 제외한 원소로 이루어진 집합을 $A$에 대한 $B$의 차집합이라고 하고, 이것을 기호로 $A - B$와 같이 나타낸다. 이것을 조건제시법으로 나타내면 $A - B = \{x \mid x \in A$ 그리고 $x \notin B\}$ 이다.

> 예 $A = \{1, 2, 3\}$,
> $B = \{2, 3, 4, 5\}$에서
> $A - B = \{1\}$,
> $B - A = \{4, 5\}$이다.

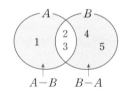

🔎 전체집합과 차집합 사이의 관계
$A$의 여집합과 전체집합에 대한 $A$의 차집합은 같다.
즉 $A^c = U - A$
> 예 $U = \{1, 2, 3, 4, 5\}$, $A = \{2, 4\}$이면
> $A^c = \{1, 3, 5\}$, $U - A = \{1, 3, 5\}$

**참값**

그 물건이 본래 갖고 있는 길이, 무게, 부피 등 여러 가지 양의 실제의 값.

> 예 실제의 길이가 $44.7\,\text{cm}$인 막대기를 자로 재어서 $45\,\text{cm}$를 얻었다. 이 때, 막대기가 가진 실제의 길이 $44.7\,\text{cm}$는 참값이고, 자로 재어서 얻은 $45\,\text{cm}$는 측정값이다.

**참값의 범위**

(근삿값) $-$ (오차의 한계) $\leqq$ (참값) $<$ (근삿값) $+$ (오차의 한계)

> 예 반올림하여 얻은 근삿값이 $35.5\,\text{cm}$일 때,
> 오차의 한계 : $0.05\,\text{cm}$
> 참값의 범위 : $35.45\,\text{cm} \leqq$ (참값) $< 35.55\,\text{cm}$

**초과**

'보다 큰 수'로 경곗값을 포함하지 않는다.

> 예 $5$ 초과인 자연수 : $6, 7, 8, \cdots$

**최대공약수**　공약수 중에서 가장 큰 수.

> 예 18과 42의 공약수 : 1, 2, 3, 6
>  　　18과 42의 최대공약수 : 6

● 구하는 방법 (1)

18의 약수 : 1, 2, 3, 6, 9, 18
42의 약수 : 1, 2, 3, 6, 7, 14, 21, 42
18과 42의 공약수 : 1, 2, 3, 6
18과 42의 최대공약수 : 6

● 구하는 방법 (2)

18과 42를 소인수분해하면

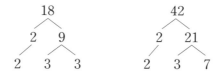

공통으로 곱하여진 인수의 곱 $2 \times 3 = 6$이 18과 42의 최대공약수

● 구하는 방법 (3)

두 수를 가장 작은 소수인 공약수(2, 3, 5, …)부터 시작하여 1 이외의 공약수가 없을 때까지 나눈다.

$$
\begin{array}{r|rr}
2 & 18 & 42 \\
3 & 9 & 21 \\
\hline
 & 3 & 7
\end{array}
$$

$2 \times 3 = 6$ : 18과 42의 최대공약수

참고 두 수의 곱은 두 수의 최대공약수와 최소공배수의 곱과 같다.

**최소공배수**  공배수 중에서 가장 작은 수.

> 예 20과 30의 공배수 : 60, 120, 180, …
>    20과 30의 최소공배수 : 60

◎ 구하는 방법 (1)
20의 배수 : 20, 40, 60, 80, 100, 120, 140, 160, 180, …
30의 배수 : 30, 60, 90, 120, 150, 180, …
20과 30의 공배수 : 60, 120, 180, …
20과 30의 최소공배수 : 60

◎ 구하는 방법 (2)

$20 = 2 \times 2 \quad\quad \times 5$     두 수의 최소공배수는 두 수를
$30 = 2 \quad\quad \times 3 \times 5$     소인수분해하여 공통인 소인수
$\downarrow \quad \downarrow \quad \downarrow \quad \downarrow$     에 공통이 아닌 나머지 소인수를
$2 \times 2 \times 3 \times 5$     모두 곱한 수

20과 30의 최소공배수 : $2 \times 2 \times 3 \times 5 = 60$

◎ 구하는 방법 (3)
두 수를 가장 작은 소수인 공약수(2, 3, 5, …)부터 시작하여 1 이외의 공약수가 없을 때까지 나눈다.

$$2\ )\ \underline{20 \quad 30}$$
$$5\ )\ \underline{10 \quad 15}$$
$$\qquad 2 \quad 3 \longrightarrow 2 \times 5 \times 2 \times 3 = 60$$
$$\qquad\qquad\qquad\qquad : 20과 30의 최소공배수$$

참고 두 수의 곱은 두 수의 최대공약수와 최소공배수의 곱과 같다.

**측정값**

자, 저울 등으로 물건의 길이, 무게 등을 직접 측정하여 얻은 값.

> 예 실제의 길이가 $44.7\,\mathrm{cm}$인 막대기를 자로 재어서 $45\,\mathrm{cm}$를 얻었다. 이 때, 막대기가 가진 실제의 길이 $44.7\,\mathrm{cm}$는 참값이고, 자로 재어서 얻은 $45\,\mathrm{cm}$는 측정값이다.

**치역**

함수 $y=f(x)$의 주어진 정의역에서의 함숫값 전체의 집합.

## 수학 기호의 유래

**덧셈 기호 $+$**

13세기 이탈리아의 수학자 레오나르도 피사노(Leonardo Pisano, 1170~1250)가 '…과'를 나타내는 라틴어 et를 줄여 7과 8을 '7 + 8'로 나타내면서 + 기호가 생겨나게 되었다.

**뺄셈 기호 $-$**

1489년 독일의 수학자 요하네스 비트만(Johannnes Widman, 1462~1498)이 '모자란다'라는 라틴어 단어 minus의 약자 $\overline{m}$에서 −만 따서 쓰면서 생겨났다고 한다.

**곱셈 기호 $\times$**

1631년 영국의 수학자 윌리엄 오트레드(William Oughtred, 1574~1660)가 '수학의 열쇠'라는 책에서 처음 사용하였다. 그는 식을 적을 때 곱하기를 일일이 글로 쓰는 것이 너무 귀찮고 힘들었다. 그러던 차에 십자가를 보고 곱셈 기호로 정하려 하였으나 이미 '+' 모양이 덧셈 기호로 정해져 있었다. 그는 고민 끝에 그것을 옆으로 눕혀 '×' 모양의 곱셈 기호를 고안해 내었다고 한다.

### 나눗셈 기호 ÷

1659년 스위스의 수학자 요한 하인리히 란(Johann Heinrich Rahn, 1622~1676)의 책에서 처음으로 사용되었다. 분수의 모양(분자 분의 분모, $\frac{b}{a}$)을 본떠, 분자와 분모를 점(.)으로 표시해 나눗셈 기호(÷)를 만든 것이라고 한다.

### 등호 =

1557년 로버트 레코드(Robert Recorde, 1510~1558)가 그의 책 '지혜의 숫돌'에서 처음으로 사용하였다. 어느 날 그는 길을 걸으며 '무엇은 무엇이다'라는 수학식의 결론에 어떤 부호를 붙일까 고민하고 있었다. 그러다 그만 나무토막에 걸려 넘어졌는데, 그 두 나무토막이 나란히 놓여진 것을 보고 '=' 모양의 등호를 만들었다고 한다.

### 미지수 기호 $x$

프랑스의 사상가이자 수학자인 데카르트(Descartes, 1596~1650)에 의해 만들어졌다. 프랑스어에는 $x$자가 들어간 단어가 많아, 인쇄소에는 $x$의 활자가 여분으로 많이 남았다고 하는데, 이러한 이유로 데카르트가 문서를 작성할 때 $x$자를 즐겨 썼던 것이 유래가 되었다고 한다.

### 부등호 >, <

값이 크고 작음을 나타내는 수학 기호인 부등호(), ()를 발명한 사람은 영국 최초의 대수학자 토머스 해리엇(Thomas Harriot, 1560~1621)이다. 그는 부등호와 함께 그가 발견한 수학 이론을 발표하려 했으나 암으로 그만 죽고 말았다. 훗날 그가 죽은 지 10년째 되는 해에 그의 연구 업적을 모은 '해석술의 연습'이 발간되었으나, 그 또한 빛을 보지 못하였다. 그러다가 약 1세기가 지난 후 1734년에 프랑스의 수학자 부거(Pierre Bouguer)에 의해서 '≧, ≦'로 정리되어 그 뒤 널리 사용되었다.

### 소수점 .

최초로 소수를 기호화한 사람은 네덜란드의 수학자 스테빈(Simmon Stevin, 1548~1620)이다. 그러나 그 모양은 지금과 많이 달랐다고 한다. 예를 들어, 6.345를 6⓪3①4②5③과 같이 나타내었다. 그 후 1593년에 독일의 수학자 클라비우스(Christopher Clavius, 1538~1612)가 소수 표기에서 1보다 큰 부분과 1보다 작은 부분을 구별하기 위한 소수점(.)을 최초로 사용하였는데, 이 소수점이 널리 통용된 것은 20세기 이후이다.

**코사인**(cos)  $\angle C = 90°$인 직각삼각형 ABC에서 $\dfrac{\overline{AC}}{\overline{AB}}$ 를 $\angle A$의 코사인

이라 하고, $\cos A$로 나타낸다.

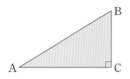

**큰 수**  1000이 10이면 10000(1만)이라 쓰고, 일만이라고 읽는다.
1만이 10이면 100000(10만)이라 쓰고, 십만이라고 읽는다.
1000만이 10이면 100000000(1억)이라 쓰고, 일억이라고 읽는다.
1000억이 10이면 1000000000000(1조)이라 쓰고, 일조라고 읽는다.

| 예 | 천조 | 백조 | 십조 | 조 | 천억 | 백억 | 십억 | 억 | 천만 | 백만 | 십만 | 만의 자리 | 천의 자리 | 백의 자리 | 십의 자리 | 일의 자리 |
|---|---|---|---|---|---|---|---|---|---|---|---|---|---|---|---|---|
| | 7 | 8 | 1 | 0 | 9 | 2 | 6 | 4 | 9 | 5 | 0 | 0 | 4 | 0 | 0 | 0 |

7810조 9264억 9500만 4000

**킬로그램**(kg)  무게의 단위. 킬로그램이라고 읽는다.
$1\,\mathrm{kg} = 1000\,\mathrm{g}$

**킬로리터**(kL)  들이의 단위. 킬로리터라고 읽는다.
$1\,\mathrm{kL} = 1\,\mathrm{m}^3 = 1000000\,\mathrm{cm}^3 = 1000\,\mathrm{L}$

> 참고  큰 들이를 나타내기 위한 안치수의 가로, 세로, 높이가 각각 1m 인 단위

**킬로미터**(km)　길이의 단위. 킬로미터라고 읽는다.

$$1km = 1000\,m = 100000\,cm = 1000000\,mm$$
$$0.001km = 1m = 100\,cm = 1000\,mm$$
$$0.00001km = 0.01m = 1cm = 10\,mm$$
$$0.000001km = 0.001m = 0.1cm = 1mm$$

### 수학사의 큰 힘, 아랍 수학

유럽의 수학은 그리스 시대에 왕성히 발달하였으나 중세에 들어 거의 사라질 위기에 처하게 되었다. 이 위기에서 수학을 다시 부흥, 발전시키게 된 계기는 바로, 십자군 원정이었다. 십자군 원정을 통해 아랍 지역의 문물을 접하게 된 유럽은 사라진 줄 알았던 그리스의 수학을 더욱 발전된 형태로 다시 만나게 되었다.

그런 일이 가능했던 것은 아랍인들이 그리스의 수학을 적극적으로 수용하고 보존함은 물론, 인도의 수학을 받아들여 그리스 수학과 융합, 발전시킨 덕분이었다. 수학 외에도 과학, 문학 등의 여러 분야에서 아랍의 문화가 서양에 끼친 영향을 쉽게 발견할 수 있다. 그 중 수학에서는 알고리즘(algorithm)이라는 용어의 유래를 들 수 있다.

유럽의 수학에 큰 영향을 주었던 아랍의 수학 저작물 중에 하나가 알 콰리즈미(al-Khwarizmi)가 쓴 '히사브 알 자브르 왈 무카발라(Hisab al-jabr w'al-mugabala)'라는 방정식의 해법을 다룬 책이다. 이 책은 유럽 수학에 상당히 큰 영향을 미쳤고, 아랍어 알 자브르(al-jabr)는 유럽 수학에서도 똑같이 대수학을 뜻하는 단어로 'algebra'를 쓰게 되었다. 특히, 저자인 알 콰리즈미의 이름은 '유한한 절차에 따라 문제를 해결하는 방법'을 뜻하는 알고리즘(algorithm)이라는 새로운 수학 용어로 재탄생되었다.

지금은 수학사의 한 귀퉁이에서나 그 존재를 알 수 있지만, 아랍의 수학이 고대 수학의 전통을 현대에까지 잇는 데 큰 공헌을 하였다는 그 업적은 바래지 않을 것이다.

ㅋ

**탄젠트**(tan)  ∠C=90°인 직각삼각형 ABC에서 $\dfrac{\overline{BC}}{\overline{AC}}$ 를 ∠A의 탄젠트

라 하고, $\tan A$로 나타낸다.

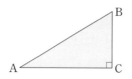

**톤**(t)  무게의 단위.

톤이라고 읽는다.

$1t = 1000\,kg = 1000000\,g$

**통분**  분모가 다른 분수들의 분모를 같게 하는 것.

**특수한 삼각비 의 값**

| 삼각비 ＼ $A$ | 0° | 30° | 45° | 60° | 90° |
|---|---|---|---|---|---|
| $\sin A$ | 0 | $\dfrac{1}{2}$ | $\dfrac{\sqrt{2}}{2}$ | $\dfrac{\sqrt{3}}{2}$ | 1 |
| $\cos A$ | 1 | $\dfrac{\sqrt{3}}{2}$ | $\dfrac{\sqrt{2}}{2}$ | $\dfrac{1}{2}$ | 0 |
| $\tan A$ | 0 | $\dfrac{\sqrt{3}}{3}$ | 1 | $\sqrt{3}$ | 정할 수 없다. |

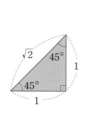

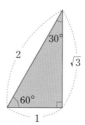

## 세상에서 가장 신비로운 수

수는 홀수, 짝수, 소수, 약수, 양수, 자연수 등의 다양한 종류만큼 다양한 의미와 비밀도 가지고 있다. 사람들은 이러한 수의 다양한 특성과 공통점을 찾기 위해 수세기 동안 매달려 왔고, 또 평생 셀 수도 없는 수의 단위까지 도전해 왔다.

그렇다면 세상에서 가장 많은 비밀을 가지고 있는 신비한 수는 무엇일까?

그 수는 바로 '142857'이다. 그런데 지극히 평범해 보이는 이 수의 무엇이 그렇게 신비하다는 것일까?

먼저, 142857에 1부터 6까지 차례로 곱해 보자.

142857 X 1 = 142857

142857 X 2 = 285714

142857 X 3 = 428571

142857 X 4 = 571428

142857 X 5 = 714285

142857 X 6 = 857142

신기하게도 이렇게 똑같은 숫자가 자릿수만 바꿔서 나타난다.

그러면 142857에 7을 곱하면 어떻게 될까? 답은 놀랍게도 999999이다. 게다가 142 + 857 = 999이고, 14 + 28 + 57 = 99이다.

마지막으로 142857을 제곱하면 어떻게 될까? 142857을 제곱하면 20408122449라는 수가 나오는데, 20408 + 122449 = 142857이 된다.

수에 이렇게 재미있는 비밀이 숨어 있다니 정말 놀랍지 않은가? 하지만 우리는 아직 세상에 존재하는 수의 일부밖에 연구하지 못하였다. 그렇기 때문에 사람들의 수에 대한 도전이 계속되는 한, 세상에서 가장 신비한 수라는 '142857'도 언제 그 자리를 내주어야 할지 모르는 일이다.

**평각**

각의 크기가 180°인 각.

**평균**

전체를 더한 합계를 개수(횟수)로 나눈 것.

$$(평균)=\frac{(전체를\ 더한\ 합계)}{(자료의\ 개수)}$$

참고 도수분포표에서의 $(평균)=\frac{\{(계급값)\times(도수)\}의\ 총합}{(도수)의\ 총합}$

| 계급값 | 도수 |
|:---:|:---:|
| 6 | 1 |
| 7 | 2 |
| 8 | 4 |
| 9 | 2 |
| 10 | 1 |
| 합계 | 10 |

$$(평균)=\frac{6\times1+7\times2+8\times4+9\times2+10\times1}{1+2+4+2+1}=\frac{80}{10}=8$$

**평면도형**

평면 위에 있는 도형.

| | |
|---|---|
| **평면의**<br>**결정조건** | (1) 한 직선 위에 있지 않은 세 점<br>(2) 한 직선과 그 직선 밖의 한 점<br>(3) 서로 만나는 두 직선<br>(4) 서로 평행한 두 직선 |

**예**

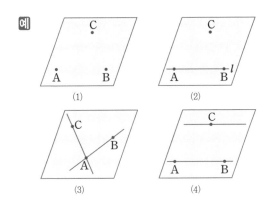

| | |
|---|---|
| **평행** | 한 직선에 수직인 두 직선을 그으면, 두 직선은 서로 만나지 않는다. 이와 같이, 서로 만나지 않는 두 직선을 평행이라고 한다. |

기호 : $l /\!/ m$

**평행사변형**   마주 보는 두 쌍의 변이 서로 평행인 사각형.
평행사변형에서 평행한 두 변을 밑변이라고 하고, 밑변 사이의
거리를 높이라고 한다.

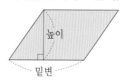

참고 (평행사변형의 넓이)
　　＝(밑변)×(높이)＝8×5＝40 (cm²)

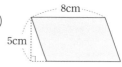

◎ 평행사변형의 성질
　(1) 두 쌍의 대변의 길이는 서로 같다.
　(2) 두 쌍의 대각의 크기는 서로 같다.
　(3) 두 대각선은 서로 다른 것을 이등분한다.


**평행선**   평행인 두 직선.

참고 평행선에 수직인 선분의 길이는 모두 같으며, 이 길이를 평행선
　　사이의 거리라고 한다.

◎ 평행선과 넓이
　오른쪽 그림과 같이 $l /\!/ m$일 때,
　△ABC와 △A′BC의 높이는
　같고, 밑변 BC가 공통이므로
　△ABC와 △A′BC의 넓이는
　같다.

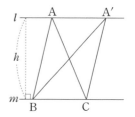

이와 같이, △ABC와 △A′BC의 넓이가 같다는 것을
기호로 △ABC＝△A′BC와 같이 나타낸다.

**평행이동**    한 도형을 일정한 방향으로 일정한 거리만큼 옮기는 것.

예 그래프 ②는 그래프 ①을 $y$축의 방향으로 3만큼 평행
이동한 것이다.

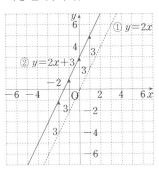

**포물선**    $y=ax^2 \, (a\neq0)$의 그래프와 같
이 매끈한 곡선을 포물선이라고
한다.
이 포물선은 선대칭도형이고, 이
때 대칭축을 포물선의 축이라고
한다. 또한 포물선과 축과의 교점
을 포물선의 꼭짓점이라고 한다.

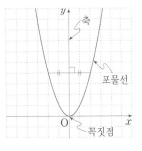

**피타고라스의**    직각삼각형에서 빗변의 길이를 $c$,
**정리**    직각을 낀 두 변의 길이를 각각 $a$,
$b$라고 할 때, $a^2+b^2=c^2$이다.

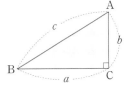

 ❂ 피타고라스의 정리의 역
  △ABC에서 $\overline{AB}=c$, $\overline{BC}=a$, $\overline{CA}=b$일 때,
  $a^2+b^2=c^2$이면 이 삼각형은 $\angle C=90°$인 직각삼각형
  이다.

**할선**

직선과 원이 두 점에서 만날 때 그 직선을 할선이라고 한다.

**예**

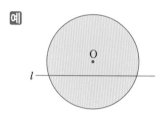

**할푼리**

비율을 소수로 나타낼 때, 그 소수 첫째 자리를 할, 소수 둘째 자리를 푼, 소수 셋째 자리를 리라고 한다.

**예** $0.625$를 할푼리로 나타내면 6할 2푼 5리이다.

**함수**

변화하는 두 양 $x$, $y$에 대하여 변수 $x$의 값이 하나 정해지면 그에 따라 변수 $y$의 값이 하나씩 정해지는 관계에 있을 때, $y$는 $x$의 함수라 하며, 기호로 $y=f(x)$와 같이 나타낸다.

**예** $y=3x$, $y=-x+3$

**함숫값**

함수 $y=f(x)$에서 $x$의 값에 의해 정해지는 $y$의 값을 $x$의 함숫값이라고 한다.

**예** 함수 $y=2x$에 대하여 변수 $x$, $y$가 각각 $X=\{1, 2\}$,
$Y=\{2, 4, 6, 8\}$의 원소라 하면
1의 함숫값 : $2\times1=2$
2의 함숫값 : $2\times2=4$

**함수의 최댓값, 최솟값**

주어진 함수가 정의역 안에서 취하는 함숫값 중 가장 큰 값을 최댓값이라고 한다.

주어진 함수가 정의역 안에서 취하는 함숫값 중 가장 작은 값을 최솟값이라고 한다.

> 참고 일반적으로, 아래로 볼록한 포물선에서는 최솟값을, 위로 볼록한 포물선에서는 최댓값을 구할 수 있다.

**합동**

모양과 크기가 같아서 완전히 포개어지는 두 도형.

대응점 : 합동인 두 도형을 완전히 포개었을 때, 겹쳐지는 꼭짓점.

대응각 : 합동인 두 도형을 완전히 포개었을 때, 겹쳐지는 각.

대응변 : 합동인 두 도형을 완전히 포개었을 때, 겹쳐지는 변.

예

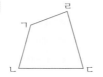

대응점

점 ㄱ과 점 ㅁ, 점 ㄴ과 점 ㅂ,

점 ㄷ과 점 ㅅ, 점 ㄹ과 점 ㅇ

대응각

각 ㄱㄴㄷ과 각 ㅁㅂㅅ, 각 ㄴㄷㄹ과 각 ㅂㅅㅇ,

각 ㄷㄹㄱ과 각 ㅅㅇㅁ, 각 ㄹㄱㄴ과 각 ㅇㅁㅂ

대응변

변 ㄱㄴ과 변 ㅁㅂ, 변 ㄴㄷ과 변 ㅂㅅ,

변 ㄷㄹ과 변 ㅅㅇ, 변 ㄹㄱ과 변 ㅇㅁ

**합성수**

1이 아닌 자연수 중에서 1과 그 수 자신 이외에 또 다른 수를 약수로 갖는 자연수.

예 4, 6, 8, 9, 10, …

**합집합**

두 집합 $A$, $B$에 대하여 $A$에 속하거나 $B$에 속하는 모든 원소들로 이루어진 집합을 $A$와 $B$의 합집합이라고 하고, 이것을 기호로 $A \cup B$로 나타낸다. 이것을 조건제시법으로 나타내면 $A \cup B = \{x \,|\, x \in A$ 또는 $x \in B\}$ 이다.

예 $A = \{1, 2, 3\}$, $B = \{2, 3, 4, 5\}$ 이면
$A \cup B = \{1, 2, 3, 4, 5\}$

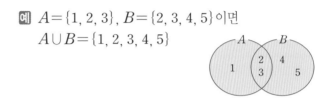

● 합집합의 원소의 개수 구하기
두 유한집합 $A$, $B$에 대하여
$n(A \cup B) = n(A) + n(B) - n(A \cap B)$ 이다.
이 때, $A \cap B = \phi$ 이면 $n(A \cup B) = n(A) + n(B)$ 이다.

참고 일반적으로, 두 집합 $A$, $B$에 대하여 교환법칙과 결합법칙이 성립한다. 즉 $A \cup B = B \cup A$, $(A \cup B) \cup C = A \cup (B \cup C)$ 이다.

**항**

비 2 : 3에서 2, 3을 각각 비 2 : 3의 항이라고 한다.

참고 또한, 다항식 $3x + 5$에서 $3x$, 5를 각각 $3x + 5$의 항이라고 한다.

**항등식**

$x$의 값에 관계 없이 항상 참이 되는 등식.

예 $3x + x = 4x$

**해**

주어진 방정식을 참이 되게 하는 $x$의 값.

예 $3x = 4x - 1$
$x = 1$이면 $3 \times 1 = 4 \times 1 - 1 = 3$ ← 해 : $x = 1$

**헥타아르**(ha)

한 변의 길이가 $100\,\mathrm{m}$인 정사각형의 넓이를 $1\mathrm{ha}$라고 하고, 일 헥타아르라고 읽는다.
$1\mathrm{ha} = 10000\,\mathrm{m}^2 = 100\,\mathrm{a}$
$1\mathrm{km}^2 = 100\mathrm{ha} = 10000\,\mathrm{a} = 1000000\,\mathrm{m}^2$

**현**

원 위의 두 점을 이은 선분을 현이라 하고, 양 끝점이 A, B인 현을 현 AB라 한다.

**현과 접선이 이루는 각과 원주각**

원의 현과 그의 한 끝점에서의 접선이 이루는 각의 크기는 그 각의 내부에 있는 호에 대한 원주각의 크기와 같다.

예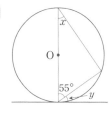

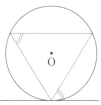

왼쪽 그림에서 $\angle x$, $\angle y$의 크기를 구하면
$\angle y = 90° - 55° = 35°$
$\angle x$와 $\angle y$는 서로 같으므로
$\angle x = 35°$

**현과 호의 길이의 관계**

한 원 또는 합동인 두 원에서
(1) 같은 길이의 두 호에 대한 현의 길이는 서로 같다.
(2) 같은 길이의 두 현에 대한 호의 길이는 서로 같다.

**현의 길이**

한 원 또는 합동인 두 원에서
(1) 원의 중심으로부터 같은 거리에 있는 두 현의 길이는 같다.
(2) 길이가 같은 두 현은 원의 중심으로부터 같은 거리에 있다.

**현의 수직이등분선**

(1) 원의 중심에서 현에 내린 수선은 그 현을 수직이등분한다.
(2) 현의 수직이등분선은 원의 중심을 지난다.

**호**

원 위에 두 점 A, B를 잡으면 원은 두 부분으로 나누어지는데, 이 두 부분을 각각 호라 한다. 양 끝점이 A, B인 호를 호 AB라 하며, 기호로 $\overset{\frown}{AB}$와 같이 나타낸다. 이 기호는 보통 작은 쪽 부분을 뜻한다.

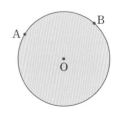

ㅎ

**호의 길이와 원주각의 크기**

한 원 또는 합동인 두 원에서
(1) 같은 길이의 호에 대한 원주각의 크기는 같다.
(2) 같은 크기의 원주각에 대한 호의 길이는 같다.

> 예 오른쪽 그림에서 $\angle x$ , $\angle y$의 크기를 구하여라.
>
> 호 AB에 대한 원주각의 크기는 모두 같으므로
> $\angle x = \angle APB = 30°$
> 중심각의 크기는 원주각의 크기의 2배이므로
> $\angle y = 2 \times 30° = 60°$

**홀수**

어떤 수를 2로 나눈 나머지가 1인 수.

> 예 1, 3, 5, 7, …

**확대도**

한 도형을 일정한 비율로 늘여서 그린 도형.

참고 축도 : 한 도형을 일정한 비율로 줄여서 그린 도형.

> 예
>
>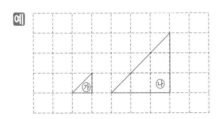
>
> 삼각형 ㉯는 삼각형 ㉮의 확대도이고,
> 삼각형 ㉮는 삼각형 ㉯의 축도이다.

**확률**

어떤 시행에서 일어날 수 있는 모든 경우의 수가 $n$이고, 각각의 경우가 일어날 가능성이 같을 때, 사건 A가 일어날 경우의 수가 $a$이면, 사건 A가 일어날 수 있는 가능성 $\frac{a}{n}$를 사건 A가 일어날 수 있는 확률이라고 한다.

$$(확률) = \frac{(사건 \ A가 \ 일어날 \ 경우의 \ 수)}{(일어날 \ 수 \ 있는 \ 모든 \ 경우의 \ 수)} = \frac{a}{n}$$

**확률의 덧셈**

두 사건 A, B가 동시에 일어나지 않는 경우 사건 A가 일어날 확률을 $p$, 사건 B가 일어날 확률을 $q$라고 하면
(사건 A 또는 B가 일어날 확률)$=p+q$

**예** 주사위 한 개를 던질 때,

1의 눈이 나올 확률 : $\frac{1}{6}$

짝수의 눈이 나올 확률 : $\frac{1}{2}$

따라서, 1의 눈이 나오거나 짝수의 눈이 나올 확률 :

$$\frac{1}{6} + \frac{1}{2} = \frac{2}{3}$$

**확률의 곱셈**

두 사건 A, B가 서로 영향을 끼치지 않는 경우 사건 A가 일어날 확률을 $p$, 사건 B가 일어날 확률을 $q$라고 하면
(사건 A, B가 동시에 일어날 확률)$=p \times q$

**예** 주사위 한 개를 두 번 던질 때,

처음에 소수의 눈이 나올 확률 : $\frac{1}{2}$

나중에 홀수의 눈이 나올 확률 : $\frac{1}{2}$

따라서, 처음에 소수의 눈, 나중에 홀수의 눈이 나올
확률 : $\frac{1}{2} \times \frac{1}{2} = \frac{1}{4}$

**확률의
성질**

● 확률의 성질 (1)

(1) 어떤 사건이 일어날 확률을 $p$라고 하면 $0 \leq p \leq 1$이다.

(2) 반드시 일어날 사건의 확률은 1이다.

(3) 절대로 일어나지 않는 사건의 확률은 0이다.

**[예]** 신발장 안에 운동화 2컬레와 구두 3컬레가 들어 있다.
이 신발장에서 신발을 한 컬레 꺼낼 때, 슬리퍼가 나올

확률은 $\dfrac{0}{5} = 0$이다. (절대로 일어날 수 없는 사건)

또한, 이 신발장에서 운동화 또는 구두가 나올 확률은

$\dfrac{5}{5} = 1$이다. (반드시 일어나는 사건)

● 확률의 성질 (2)

사건 A가 일어날 확률이 $p$라 하면 사건 A가 일어나지
않을 확률은 $1 - p$이다.

**[예]** 1부터 10까지의 숫자가 각각 적힌 10장의 카드에서
1장의 카드를 뽑을 때, 그것이 3의 배수가 아닐 확률
은 1에서 3의 배수일 확률을 뺀 것과 같다. 즉,

(3의 배수가 아닐 확률) = 1 − (3의 배수일 확률)

$$= 1 - \frac{3}{10}$$

$$= \frac{7}{10}$$

**활꼴**

현 AB와 호 AB로 이루어진 활 모양의 도형.

특히 원의 중심을 지나는 현(지름)과 그 호로 이루어진 도형을 반원이라고 한다.

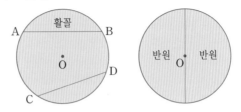

**회전체**

평면도형을 평면 위의 한 직선을 축으로 1회전하였을 때 생기는 입체도형을 회전체라고 하고, 이 때 축이 된 직선을 회전축이라 한다.

회전체에서 한 선분이 회전하여 옆면을 만드는 선분을 모선이라 하고, 회전축이 되는 선분을 그 회전체의 높이라고 한다.

**예** 원뿔

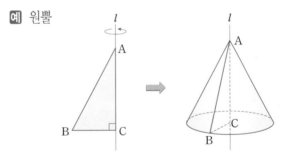

원뿔의 꼭짓점 : 점 A

원뿔의 모선 : $\overline{\text{AB}}$

원뿔의 높이 : $\overline{\text{AC}}$

○ 회전체의 성질

(1) 회전체를 회전축에 수직인 평면으로 자르면, 그 잘린 면은 항상 원이다.

(2) 회전체를 회전축을 포함하는 평면으로 자르면, 그 잘린 면은 모두 합동이고, 회전축에 대하여 선대칭도형이다.

ㅎ

---

**후항**

비에서 뒤에 있는 항.

　예　$2 : 3$에서 $3$

---

**히스토그램**

각 계급을 가로로 하고, 그 계급의 도수를 세로로 하는 직사각형 모양의 그래프.

예

| 몸무게(kg) | 사람 수(명) |
|:---:|:---:|
| $40^{이상} \sim 50^{미만}$ | 4 |
| $50 \quad \sim 60$ | 9 |
| $60 \quad \sim 70$ | 12 |
| $70 \quad \sim 80$ | 8 |
| $80 \quad \sim 90$ | 5 |
| $90 \quad \sim 100$ | 2 |
| 합계 | 40 |

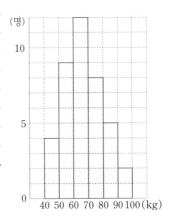

참고　도수의 분포 상태를 보다 쉽게 알 수 있으며, 히스토그램의 각 직사각형의 넓이는 각 계급의 도수에 정비례한다.

---

**$x$절편**

좌표평면에서 함수의 그래프가 $x$축과 만나는 점의 $x$좌표.

---

**$y$절편**

좌표평면에서 함수의 그래프가 $y$축과 만나는 점의 $y$좌표.

# 21세기 수학의 7대 난제

2000년 5월 수학의 해를 맞아 미국의 클레이 수학 연구소(Clay Math Institute)에서는 21세기 수학의 7대 난제를 정하고 1문제당 100만 달러(대략 10억 원)의 현상금을 걸었다. 상금은 미국인 부호 랜던 클레이(Landon Clay)가 지원을 하며, 공모 기간은 각각의 문제가 해결되는 때까지 무제한이라고 한다.

■ 21세기 수학의 7대 난제

1. 컴퓨터 계산 시간에 관한 'P 대 NP 문제'
2. 3차원 곡면에 관한 '푸앵카레 추측'
3. 유체와 기체의 흐름에 대한 편미분 방정식 '내비어-스톡스 방정식'
4. 소수의 분포에 관한 '리만의 가설'
5. 중력을 제외한 자연의 힘에 대한 '양-밀즈 이론과 질량 간극 가설'
6. 추상의 기하학에 대한 '호지의 추측'
7. 난해한 방정식들 중 한 유형의 가능한 해들에 관한 '버치와 스워너턴-다이어의 추측'

이 문제들은 저명한 수학자들로 이루어진 선정 위원회에서 오늘날 수학의 미해결 문제 중 가장 중요하고 어려운 문제를 선별한 것이다. 우리는 이 문제들을 통해 현재 수학이 어디까지 발전해 있는지를 확인할 수 있다.

정확히 100년 전인 1900년에도 위와 비슷한 수학의 난제들이 발표되었다. 당시 수학계를 이끌던 독일의 수학자 힐베르트(Hilbert, 1862~1943)가 23가지의 미해결 문제를 발표하자 많은 수학자들이 그 문제들에 몰두했고, 그 결과 '리만의 가설'을 제외한 모든 문제가 증명되었다. 그 과정에서 많은 수학자들이 좌절을 맛보았고 명예를 얻은 수학자는 소수에 불과했지만, 이로 인해 수학의 발전은 상당히 앞당겨졌다.

이제 수학자들에게 새롭게 주어진 과제는 바로 위에서 언급된 수학의 밀레니엄 7대 난제이다. 또다시 수학자들은 이 문제들을 해결하기 위해 연구에 힘쓸 것이다. 물론 언제 누군가에 의해 풀려지게 될지는 아무도 모른다. 하지만 아무리 어렵고 풀리지 않을 것 같은 난제라 해도 '힐베르트의 문제'가 그랬던 것처럼 100년 뒤에는 모두 해결되어 또 다른 난제의 등장을 기다리게 될지 모르는 일이다.

# 부록

수학 인물 이야기
찾아보기

## 가우스  Karl Friedrich Gauss, 1777~1855, 독일

19세기 최고의 수학자로 '수학의 왕자'라 불려지는 가우스는 10살 때 1~100까지의 합을 간단하게 구하여 사람들을 놀라게 했다는 유명한 일화가 있다.

고교 시절에 정수론과 최소제곱법을 정립하였고, 대학에서는 삼각자와 컴퍼스만으로 정17각형을 그릴 수 있음을 증명하는 등 대수학자로서의 면모를 보여 주었다. 1799년에 학위 논문 '대수학의 기본정리'와 1801년에 '정수론연구'를 발표해 대수학과 정수론에서 큰 획을 긋는 업적을 남겼다.

그는 수학뿐만 아니라 과학에서도 뛰어난 재능을 보였다. 특히 천문학에서는 소행성 케레스(Ceres)를 발견하고 그 궤도를 정확하게 계산하여 1807년에는 괴팅겐 대학의 천문학장으로 임명되기도 하였다. 그의 수학 이론은 수학사에서 18세기와 19세기를 구분하는 기준이 되고 있다.

## 갈루아  Evariste Galois, 1811~1832, 프랑스

21세의 나이에 요절한 수학자 갈루아는 19세기 프랑스 혁명이라는 어지러운 시대적 상황 속에서 짧지만 파란만장한 삶을 살았다.

17세와 19세에는 프랑스 학술원에 제출한 방정식에 관한 논문이 심사관의 실수와 죽음으로 두 번 모두 세상에 발표되지 못하였다. 갈루아는 그 일로 인해 좌절한 나머지 사회에 대해 반항심을 갖게 되었다. 그 뒤에도 아버지의 죽음, 퇴학, 감옥 수감 등을 연이어 겪으며 방황하다가 병까지 얻었다. 요양 중에 한 여인과 사랑에도 빠지지만 행복도 잠시 그 여인과 얽힌 일로 결투를 벌이다 총에 맞아 죽고 말았다.

결투하기 전날 밤, 그는 죽음을 예감한 듯 친구인 아우구스트 슈발리에에게 자신의 연구를 정리한 편지를 썼다. 그것은 친구에 의해 세상에 발표되었는데 바로 대수학에서 가장 아름다운 이론이라 불리는 '갈루아의 이론'이다.

## 뉴턴  Isaac Newton, 1642~1727, 영국

떨어지는 사과를 보고 '만유인력의 법칙'을 발견했다는 최고의 물리학자 뉴턴은 물리학뿐만 아니라 수학, 천문학, 광학에서도 위대한 업적을 남긴 대학자이다.

유복자로 태어나 시골 농가에서 우울한 유년을 보내다가 케임브리지 대학 트리니티 칼리지에서 스승인 수학자 바로우(Isaac Barrow, 1630~1677)를 만나 비로소 자신의 재능을 찾게 되었다. 그는 재학 시절 이항정리와 수학의 꽃으로 불리는 미적분을 발견했다. 그에게 있어 수학은 그의 물리학, 광학, 천문학에 대한 연구를 입증하는 중요한 수단이 되었다.

1687년 역학 및 우주론에 관한 연구를 집대성한 '자연 철학의 수학적 원리(Philosophiae naturalis principia mathematica)'를 출판하였는데, '프린키피아(Principia)'라 불리는 이 책은 인류 역사상 가장 중요한 책 중 하나로 일컬어진다.

## 데카르트  Rene Descartes, 1596~1650, 프랑스

이원론과 방법적 회의론을 통해 근대 사상의 기틀을 확립한 데카르트는 '근대 철학의 아버지'라 불리는 뛰어난 사상가이다.

명상을 즐기던 그는 이성적 사고를 통해서만이 진리에 도달할 수 있다는 이론을 확립하였다. 또한 논리와 수학으로 자연을 설명할 수 있다는 생각을 가지고 수학과 과학의 연구에 몰두하였다. 그 결과 광학에서 '빛의 굴절법칙'을 발견하였고, 천문학에서 지동설을 확신하였다.

하지만 때마침 지동설로 인해 갈릴레이가 처벌받았다는 이야기를 듣고 논문을 발표하지 않았다.

수학사에서 가장 뛰어난 그의 업적은 좌표평면을 발견한 것이다. 이 좌표를 통해 기하학과 대수학이 접목되어 해석기하학이 탄생하였고, 이것은 미적분학의 토대가 되었다. 주요 저서로는 '우주론', '방법서설', '성찰록' 등이 있다.

## 디오판토스  Diophantos, ?~?, 그리스

'대수학의 아버지'라고 불리는 디오판토스의 생애에 대해서는 거의 알려진 바가 없다. 다만 '그리스 명시전집'이라는 책의 해설과 11세기에 쓰여진 일부 책을 통해서 그가 3세기에 활동한 그리스의 수학자라는 것을 추측할 뿐이다. 그리고 다행히 그의 저서 중 '산수론', '다각수에 대하여' 등이 남아 있어 그의 수학에 대한 연구들이 전해지고 있다.

그의 저서 중 가장 유명한 '산수론(Arithmetica)'은 총 13권 중 6권만이 전해지고 있는데 이 책은 대수학 분야를 종합한 논문집으로 '디오판토스의 방정식'이라 불리는 부정방정식의 해법이 담겨 있다. 이것은 후에 페르마에게 영향을 미쳐 유명한 '페르마의 마지막 정리'를 탄생시켰다.

또한 그는 처음으로 기호를 사용하여 글로 서술되던 방정식을 단순화시켰으며, 후에 대수의 발전에 중요한 역할을 하였다.

## 라이프니츠  Gottfried Wilhelm von Leibniz, 1646~1716, 독일

'미적분을 누가 먼저 발견했는가?'의 우선권을 두고 뉴턴과 격렬한 논쟁을 벌인 것으로 유명한 독일의 수학자 라이프니츠는 철학자이자 과학, 법학, 신학, 언어학, 역사학 등 다양한 분야에도 두루 능한 것으로 잘 알려져 있다.

14세의 나이로 라이프치히 대학에 들어가 철학에 심취한 그는 졸업 후 예나 대학에서 수학을 공부하며 철학에서도 수학적 증명이 중요함을 깨달았다. 그리하여 수학과 철학을 접목시킨 '단자론(Monadologia)'이 만들어지게 되었다.

그는 런던, 파리, 하노버 등 여러 지역을 돌아다니며 많은 철학자, 수학자들과 활발히 교류하였다. 특히 파리에 체류하는 동안에는 수학사에 큰 획을 그은 미적분을 발견하였으며, 현재 우리가 사용하는 미적분 기호를 처음 만들어 내었다. 그밖에 2진법의 발견, 파스칼의 계산기보다 진보한 계산기의 발명 등 큰 업적을 남겼다.

## 라플라스 Pierre-Simon, marquis de Laplace, 1749~1827, 프랑스

태양계의 생성에 관한 '성운론'을 주장하여 과학자로 이름을 떨친 라플라스는 고전확률론을 확립한 유명한 수학자이기도 하다. 18세기 프랑스 혁명기에는 정치에도 적극적으로 나서 수학과 과학에 기여한 공로로 후작의 칭호를 받았다.

고등사범학교와 에콜폴리테크니크 교수로 취임하면서 본격적으로 수학 연구를 시작하였고, 특히 행렬론, 확률론, 해석학 연구에 열중했다. 그리하여 1812년 출판된 '확률분석론'을 통해 확률론을 완성 단계까지 끌어올렸고, '포텐셜 함수'와 '라플라스 변환'도 도입하였다.

한편 천문학 분야에서는 우주의 체계와 태양계에 대한 연구를 함으로써 '프랑스의 뉴턴'으로 불리기도 하였다. 천문학 저서 '천체역학'은 뉴턴의 '프린키피아'와 견줄 정도로 위대한 과학서 중 하나로 꼽힌다.

이러한 그의 과학 분야의 연구는 수학적 해석이 뛰어난 것으로도 유명하다.

## 리만 Georg Friedrich Bernhard Riemann, 1826~1866, 독일

유클리드 이래 새로운 기하학의 시대를 연 리만은 19세기 독일 최고의 수학자이다. 괴팅겐 대학과 베를린 대학을 오가며 수학과 과학을 공부했고, 괴팅겐 대학에서는 가우스의 지도를 받기도 하였다. 1857년에는 수학 교수가 되어 연구를 계속하였으나 폐결핵을 얻어 39세의 나이로 안타까운 죽음을 맞았다.

그는 짧은 생애지만 많은 연구를 통해 '리만 기하학'이라는 새로운 기하학 분야를 탄생시켰다. 복소함수에서 '리만면'이라는 곡면은 후에 아인슈타인의 상대성이론에서 '휘어진 공간'에 대한 개념을 구체화하는 데 결정적 역할을 하였다.

이밖에 '코시-리만 방정식', '리만적분', '리만 제타함수' 등 다양한 수학 용어에 그의 이름이 남아 있다. 특히 '리만 가설'은 21세기 7대 난제 중 하나로 오늘날까지도 많은 수학자들을 끊임없는 연구로 이끌고 있다.

## 뫼비우스  August Ferdinand Mobius, 1790~1868, 독일

'뫼비우스의 띠'로 너무나 유명한 뫼비우스는 천문학에도 능했던 19세기 독일의 수학자이다.

그는 일찍이 수학과 천문학에 많은 흥미를 느껴, 괴팅겐, 라이프치히, 할레 등 여러 대학으로 가우스, 요한 파프 등 당시 위대한 교수들을 찾아가 가르침을 받았다.

1815년에는 라이프치히 대학의 천문학 교수로, 1848년에는 천문대 대장으로 활발한 활동을 하였으며, '천문학의 법칙'과 '천체역학의 원리'라는 천문학 저서를 남겼다.

하지만 무엇보다 뫼비우스가 중점을 두었던 연구는 수학이었다. 1827년 '중심 해석'이라는 논문을 발표해 중심좌표를 처음으로 도입했으며, '뫼비우스 넷'이라 불리는 새로운 기하학을 열었다. 1858년 고안된 '뫼비우스의 띠'는 한 면으로 이루어진 2차원 곡면으로 그의 명성을 후대에까지 떨치게 만들었다.

## 비에트  Francois Viete, 1540~1603, 프랑스

16세기의 가장 위대한 수학자로 불리는 비에트는 사실 수학과 거리가 먼 법률가였다. 궁중의 법률 고문으로 있던 그는 40세가 넘어서야 수학 공부를 시작했지만 곧 프랑스에서 제일가는 수학자 반열에 올랐다.

정치적으로 벌어졌던 네덜란드와의 수학 문제 대결에서 프랑스의 자존심을 지켜 헨리 4세의 신임을 받은 그는 스페인과의 전쟁에서 그들의 암호 편지를 해독하여 프랑스를 승리로 이끌기도 했다. 이를 계기로 프랑스의 국민적 수학자로 불리우게 되었다.

'대수학의 아버지'라 불릴 만큼 대수학의 발전에 큰 공헌을 하였고, 저서 '해석학 입문'에서는 처음으로 대수에서 기호를 사용하여 새로운 대수학의 시대를 열었다.

이외에 3, 4차 방정식의 일반적인 해법과 근의 공식을 발견한 것으로도 유명하다.

## 아르키메데스  Archimedes, BC 287?~BC 212, 그리스

아르키메데스가 부력의 원리를 발견하고 '유레카(발견했다.)'라는 말을 남긴 일화는 가장 잘 알려진 과학사의 뒷이야기일 것이다.

그는 유클리드, 아폴로니우스와 함께 고대를 대표하는 수학자이며, 수학사를 통틀어서도 뉴턴, 가우스와 함께 3대 수학자에 뽑히는 위대한 인물이다.

천문학자인 아버지 밑에서 자라 수학과 과학에 일찍 눈을 떴으며 과학의 원리를 응용한 기계 제작에 뛰어났다.

그가 만든 기계에는 전쟁에 쓰이는 투석기와 거울 시스템, 나선을 이용한 양수기 등이 있다. 특히 지렛대의 반비례 법칙을 발견하고 "긴 지렛대와 지렛목만 있으면 지구라도 움직여 보이겠다."는 유명한 말을 남겼다.

수학에서는 평면, 입체기하, 산술 등에서 큰 업적을 남겼는데, 그 중 가장 유명한 것은 원에 내접하는 정96각형을 통해 원주율 3.14($\pi$)를 계산한 것이다.

## 유클리드  Euclid, BC ?~BC ?, 그리스

BC 300년경 활동한 것으로 알려진 고대 그리스의 수학자 유클리드는 그와 기하학을 따로 떨어뜨려 생각할 수 없을 정도로 기하학에 위대한 업적을 남겼다.

그는 시리아에서 태어났으나 아테네에 유학하며 플라톤 학파의 아카데미에서 공부했다. 프톨레마이오스 1세의 초청에 따라 알렉산드리아로 건너가 수학 학교를 세우고, 프톨레마이오스 1세에게 기하학을 가르치기도 했다. 그리고 그 곳에서 후학 양성에 힘써 고대 그리스의 수학을 융성케 하였다.

'기하학원론'은 유클리드를 '기하학의 아버지'라 부르게 만든 대표적 저서로, 19세기에 '리만 기하학'의 시대가 오기 전까지 2천 년 동안 수학의 경전으로 통했다. 이 책은 플라톤의 수학론과 그 이전의 수학을 집대성한 것으로 '유클리드의 공리'를 포함한 매우 정확하고 엄밀한 연역적 체계로 유명하다.

## 오일러  Leonhard Euler, 1707~1783, 스위스

오일러는 '연구하고 저작하기 위해 태어났다.'고 해도 지나친 말이 아닐 만큼 수학, 물리학, 광학, 천문학, 음향학 등 방대한 분야를 연구했다.

천재적인 기억력과 계산력으로 유명했던 그는 1727년에 러시아 황제의 초청으로 러시아에 건너가, 성 페테르부르크 과학아카데미에서 물리학과 수학 교수로 재직하며 연구에 몰두했다.

그의 연구는 상당한 분량으로 생전에 5백여 권이 넘는 책과 논문이 발표되었고, 사후 4백여 권의 책이 더 출판되었다. 후에 과중한 연구로 인해 두 눈의 시력을 잃었지만 조교에게 구술하는 방법으로 연구를 계속하였다.

그는 수학에서 대수와 확률론의 기초를 다졌고, '미분학 원리', '적분학 원리', '무한소해석입문' 등의 저서를 통해 미적분학과 정수론, 기하학 등의 발전을 이끌었다.

## 카르다노  Girolamo Cardano, 1501~1576, 이탈리아

3차방정식의 해법인 '카르다노의 공식'으로 유명한 카르다노는 그것이 친구인 타르탈리아의 발견인 것을 알면서도 마치 자기가 발견한 듯 발표해, 공로를 가로챘다는 불명예를 안고 있는 수학자이기도 하다. 대학에서 의학을 전공했고, 졸업 후 밀라노 대학, 파비아 대학, 볼로냐 대학에서 수학과 의학 교수로 일하며 수학, 의학, 연금술 등을 연구했다.

그 당시 수학의 일인자로 명성이 높던 그는 음수를 인정한 수학자였다. 대수에 관한 최초의 라틴어 논문인 '위대한 기술'에는 방정식의 음의 해에 관한 내용이 있으며 허수와 관련된 계산에 대한 내용도 실려 있다.

그는 도박에 빠져 '기회의 게임에 관하여'라는 도박 안내서도 썼는데 여기에 수록된 이항정리와 '큰 수의 법칙'은 확률론 연구의 시초가 되었다.

## 칸토어  Georg Cantor, 1845~1918, 독일

집합론의 창시자로 알려진 독일의 수학자 칸토어는 수학에 '무한'의 개념을 도입한 학자로도 유명하다. 1879년에서 1884년까지 집합론에 관한 여섯 권의 시리즈 '수학저널'을 출판하여 집합론의 기초를 다졌다. 또한 무한집합에 관한 근본적인 문제를 분석하여 현대 수학 발전의 분수령이 되었다. 하지만 그의 이론은 당시 유한만을 인정하고 무한을 금기시하던 수학계에 받아들여지기 힘든 것이었다. 이로 인해 그의 스승마저도 등을 돌리는 등 학계의 끊임없는 논쟁과 비난을 받았고, 결국 그는 신경쇠약증으로 정신병원에 입원하였다.

그 후 그의 수학적 업적은 인정을 받았고, 1904년 런던왕립협회는 그에게 메달과 함께 협회 회원직을 수여했다. 이렇듯 다행히 명예는 되찾았지만 정신병으로 인하여 정작 본인은 그 사실을 알지도 못한 채 생을 마감하였다.

## 코시  Augustin-Louis, Baron Cauchy, 1789~1857, 프랑스

코시는 당시 관료였던 아버지를 따라 이웃이었던 라플라스와 라그랑주에게 가르침을 받았다. 16세에 에콜 폴리테크니크에 공학도로 입학해 잠시 토목기사로 일하며 수학을 연구하였다. 그러다 1815년 수학 분야에서의 업적을 인정받아 에꼴 폴리테크니크의 교수에 이어 과학 아카데미의 회원이 되었다.

1848년에는 프랑스 소르본느 대학의 교수가 되어 평생 연구와 후학 양성에 힘썼다. 그는 오일러, 케일리와 함께 수학상 다작의 인물로 손꼽히는데, 과학 아카데미에서 그가 보내 오는 논문의 양을 제한했다는 일화가 있을 정도였다.

그는 미적분, 복소함수, 기하학, 해석학 등 수학의 다방면에서 큰 업적을 남겼고, 근대 수학의 근간을 제공한 수학자로 추앙받는다. 특히 복소변수함수론과 해석학에서 엄밀한 증명의 기준을 세워 수학과 과학에서 새로운 시대를 전개하였다.

## 파스칼　Blaise Pascal, 1623~1662, 프랑스

　　파스칼은 어린 시절, 유클리드의 '기하학원론'을 보고 스스로 기하학을 터득했을 정도로 남다른 수학적 재능을 보였다. 16세에 '파스칼의 육각형'을 포함하는 '원추곡선의 기하학'을 발표해 수학자들의 주목을 받았으며 19세에는 세계 최초의 디지털 계산기를 발명했다. 이는 1940년대에 만들어진 계산기의 구조와 흡사할 정도로 정교했다.

　　그는 과학에도 관심이 많아 기압에 대한 '파스칼의 원리'를 고안했으며, '진공에 관한 새로운 실험들'이라는 책을 출간해 데카르트와 논쟁을 벌이는 등 활발한 연구 활동을 하였다. 수학에서는 그의 최고의 업적인 '파스칼의 삼각형'을 남겼고 페르마와 교류하며 확률의 기초를 다졌다.

　　후에 종교와 철학에 심취하여 '파스칼의 명상록'을 남기기도 했는데, 말년에도 쉬지 않고 연구하다 그만 병을 얻어 39세에 짧은 생을 마감하였다.

## 페르마　Pierre de Fermat, 1601~1665, 프랑스

　　17세기 최고의 수학자로 불리는 페르마는 프랑스의 법률가이자 행정 관료였다. 수학은 취미 생활로만 즐겼기 때문에 '아마추어 수학의 왕자'로 불리기도 한다.

　　어릴 적 친구인 파스칼과 함께 확률론의 기초를 다지고, 데카르트와는 다른 독자적인 좌표기하학을 세워, 데카르트와 함께 '좌표기하학의 아버지'로 불린다. 또한 기하학에 광학을 도입하여 '최소 시간의 원리'를 발견했으며, 그의 연구는 빛의 반사와 굴절의 법칙으로 발전되었다.

　　그는 정수론에 심취하여 소수를 연구하였고, 특히 디오판토스의 정수론 중 '산수론'이라는 책에서 영감을 얻어 그 유명한 '페르마의 마지막 정리'를 남겼다. 그의 책 귀퉁이에 적혀 있던 이 정리는 350여 년 동안 풀리지 않다가 1994년 미국의 수학자 와일즈에 의해 증명되었다.

## 피타고라스  Pythagoras, BC 580?~BC 500?, 그리스

피타고라스는 고대 그리스의 종교가, 철학가, 수학자로서 크로톤에 철학·종교 학교를 세워 피타고라스 학파를 이끌며 고대 수학사의 중심에 있던 인물이다.

피타고라스 학파는 만물의 근원을 '수'로 보았고, 수를 통해 세계를 설명하려 했다. 이러한 그들의 사상은 수학과 천문학에 있어서 많은 발견을 이끌어 내었다. 천문학에서 그는 처음으로 '지구가 둥글 것이다.'라는 생각을 했고, 지구와 마찬가지로 달, 태양, 다른 행성들도 모두 둥글 것이라고 추측하였다.

그의 대표 수학 이론인 '피타고라스의 정리'에서는 '직각삼각형에서 가장 긴 변의 길이의 제곱은 다른 두 변의 길이의 제곱의 합과 같다.'는 사실을 처음으로 증명했다. 또한 무리수의 존재도 발견했지만 그전에 모든 수는 유리수라고 했던 자신의 주장과 다르다는 이유로 비밀에 붙였다.

## 헤론  Heron, ?~?, 그리스

'쓸 데도 없는데, 수학을 왜 배우는지 모르겠어.'라고 말하는 사람들에게 헤론이 수학을 실생활에 얼마나 잘 적용하였는지를 알려 준다면 수학을 다시 보게 될 것이다. 그는 고대 그리스의 수학자이자 기술자로 그리스인들이 멸시했던 실용 수학을 연구한 발명가이기도 하다. 62~150년경에 알렉산드리아에서 활약하면서 수학, 역학, 측량, 기계 제작, 의학 등 다양한 분야에 걸쳐 업적을 남겼다.

수학에서는 산술에 의한 2차방정식의 해법 등의 이론을 남기기도 했지만, 이론보다는 수학을 응용하는 능력이 탁월하여 삼각형의 세 변의 길이로 삼각형의 면적을 구하는 '헤론의 공식'이 특히 유명하다.

그는 '측량술', '기체장치', '자동장치의 제작법에 대하여' 등 응용 과학 분야에 많은 저서를 남겼는데, 여기엔 최초의 자판기였던 성수함(聖水函), 최초의 엔진 장치인 기구력(汽力球) 등의 제작법 등도 실려 있다.

# 수학
## 용어사전

**엮은이** | 재능교육 연구소

**펴낸날** | 2007년 11월 15일 초판 1쇄 발행
2023년 2월 20일 개정판 6쇄 발행

**펴낸곳** | (주)재능교육
**펴낸이** | 박종우
**찍은곳** | (주)재능인쇄

**주소** | 서울특별시 종로구 창경궁로 293
**전화** | 02-744-0031, 1588-1132
**팩스** | 02-6716-8158
**홈페이지** | www.jeibook.com
**등록일** | 1977년 2월 11일 (제5-20호)

ISBN  978-89-7499-440-2  61410

＊잘못된 책은 바꾸어 드립니다.